U0353521

和田玉鉴藏全书

李 平 编著

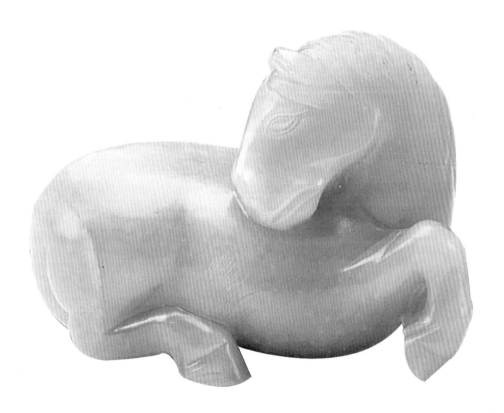

全国百佳出版社
中央编译出版社
Central Compilation & Translation Press

图书在版编目 (CIP) 数据

和田玉鉴藏全书 / 李平编著. —北京：中央编译
出版社，2017.2
　（古玩鉴藏全书）
ISBN 978-7-5117-3126-5

Ⅰ.①和… Ⅱ.①李… Ⅲ.①玉石－鉴赏－和田县②
玉石－收藏－和田县 Ⅳ.①TS933.21②G262.3

中国版本图书馆 CIP 数据核字 (2016) 第 235973 号

和田玉鉴藏全书

出　版　人：葛海彦
出版统筹：贾宇琰
责任编辑：邓永标　舒　心
责任印制：尹　珺
出版发行：中央编译出版社
地　　址：北京西城区车公庄大街乙 5 号鸿儒大厦 B 座 (100044)
电　　话：(010) 52612345 (总编室)　　(010) 52612371 (编辑室)
　　　　　(010) 52612316 (发行部)　　(010) 52612317 (网络销售)
　　　　　(010) 52612346 (馆配部)　　(010) 55626985 (读者服务部)
传　　真：(010) 66515838
经　　销：全国新华书店
印　　刷：北京鑫海金澳胶印有限公司
开　　本：710 毫米 ×1000 毫米　1/16
字　　数：350 千字
印　　张：14
版　　次：2017 年 2 月第 1 版第 1 次印刷
定　　价：79.00 元

网　　址：www.cctphome.com　　　　邮　　箱：cctp@cctphome.com
新浪微博：@中央编译出版社　　　　微　　信：中央编译出版社 (ID：cctphome)
淘宝店铺：中央编译出版社直销店 (http://shop108367160.taobao.com) (010) 52612349

凡有印装质量问题，本社负责调换，电话：010-55626985

前言

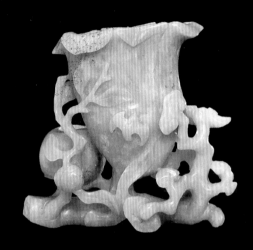

　　中国是世界上文明发源最早的国家之一，也是世界文明发展进程中唯一没有出现过中断的国家，在人类发展漫长的历史长河中，创造了光辉灿烂的文化。尽管这些文化遗产经历了难以计数的天灾和人祸，历尽了人世间的沧海桑田，但仍旧遗留下来无数的古玩珍品。这些珍品都是我国古代先民们勤劳智慧的结晶，是中华民族的无价之宝，是中华民族高度文明的历史见证，更是中华民族五千年文明的承载。

　　中国历代的古玩，是世界文化的精髓，是人类历史的宝贵的物质资料，反映了中华民族的光辉传统、精湛工艺和发达的科学技术，对后人有极大的感召力，并能够使我们从中受到鼓舞，得到启迪，从而更加热爱我们伟大的祖国。

　　俗话说："乱世多饥民，盛世多收藏。"改革开放给中国人民的物质生活带来了全面振兴，更使中国古玩收藏投资市场日见红火，且急遽升温，如今可以说火爆异常！

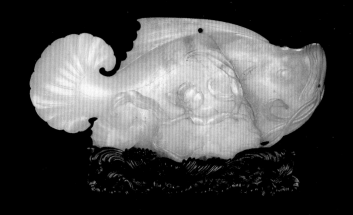

　　古玩收藏投资确实存在着巨大的利润空间，这个空间让所有人闻之而心动不已。于是乎，许多有投资远见的实体与个体（无论财富多寡）纷纷加盟古玩收藏投资市场，成为古玩收藏的强劲之旅，古玩投资市场也因此而充满了勃勃生机。

　　艺术有价，且利润空间巨大，古玩确实值得投资。然而，造假最凶的、伪品泛滥最严重的领域也当属古玩投资市场。可以这样说，古玩收藏投资的首要问题不是古玩目前的价格与未来利益问题，而应该说是它们的真伪问题，或者更确切地说，是如何识别真伪的问题！如果真伪问题确定不了，古玩的价值与价格便无从谈起。

　　为了更好地解决这一问题，更为了在古玩收藏投资领域仍然孜孜以求、乐此不疲的广大投资者的实际收藏投资需要，我们特邀国内既研究古玩投资市场，又在古玩本身研究上颇有见地的专家编写了这本《和田玉鉴藏全书》，以介绍和田玉专题的形式图文并茂，详细阐述了和田玉的起源和发展历程、和田玉的种类和特征、收藏技巧、鉴别要点、保养技巧等。希望钟情于和田玉收藏的广大收藏爱好者能够多一点理性思维，把握沙里淘金的技巧，进而缩短购买真品的过程，减少购买假货的数量，降低损失。

　　本书在总结和吸收目前同类图书优点的基础上进行撰稿，内容丰富，分类科学，装帧精美，价格合理，具有较强的科学性、可读性和实用性。

　　本书适用于广大和田玉收藏爱好者、国内外各类型拍卖公司的从业人员，可供广大中学、大学历史教师和学生学习参考，也是各级各类图书馆和拍卖公司以及相关院校的图书馆装备首选。

编者

2016年11月于北京·阅园

目录

第一章

走近和田玉

第二章

和田玉的种类

第三章

和田玉的收藏与投资

第四章
和田玉的鉴别

第五章

和田玉的购买

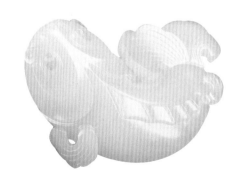

第六章
和田玉的保养

走近和田玉

　　软玉的主要产地在新疆和田，严格地说，软玉仅指新疆和田玉，或者说只有新疆的和田玉才称作软玉。和田在昆仑山北麓，故史籍中又常谓昆仑山产玉。清人陈性《玉纪》载："玉多产西方，惟西北陬之和田、叶尔羌所出为最。其玉体如凝脂，精光内蕴，质厚温润，脉理坚密，声音洪亮。产水底有名子儿玉，为上；产山上者为宝盖玉，次之。"是说新疆和田盛产玉，并指出了这种玉的品质和特点。我国古玉的玉材虽不全来自新疆和田，但和田玉最好、最著名是确定无疑的。中国考古研究所曾请有关单位对殷墟妇好墓出土的一部分玉器（约300件）加以初步鉴定，"鉴定结果，大部均系软玉。其中大部分属青玉；白玉较少；青白玉、黄玉、墨玉、糖玉更少；这几种玉料大体上都是新疆玉。只有三件嘴形器，质地近似岫岩玉；一件玉戈有人认为是独山玉"（郑振香、陈志达：《近年来殷墟新出土的玉器》，文物出版社《殷墟玉器》1982年版）。可见新疆和田玉是我国古代最重要的玉材来源。

△ 白玉卧蚕纹环　西汉

直径5.5厘米

△ 白玉乳钉纹透雕龙形璧　西汉

直径9.5厘米

◁ **白玉鸡心佩　西汉**
长4厘米

▷ **白玉龙凤纹鸡心佩　西汉**
长5厘米

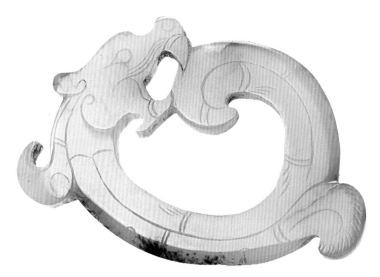

◁ **白玉龙纹佩　西汉**
长5.4厘米

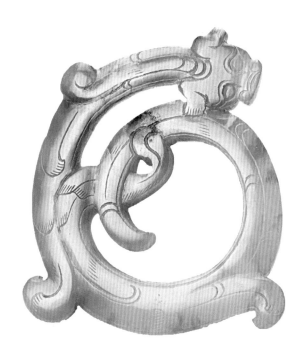

▷ **白玉龙纹佩　东汉**
长5.5厘米

▽ 白玉猪 汉代

长9.8厘米

▷ 白玉独角兽钮印 宋代

高4.8厘米

△ 和田观赏玉

△ 龙凤镂空对牌

一
和田玉的名称

我国开发和利用和田玉已经有3000年以上的历史，它既是中华民族的物质财富，又是中华民族的精神财富。

在古代，和田玉被称为"昆山之玉""塞山之玉""禺氏玉""钟山之玉"或"回部玉"，维吾尔族称和田玉为"哈什"。和田玉主要产于昆仑山北坡，西起塔什库尔干，向东延伸到若羌境内，范围1100多千米。目前发现的矿床有20多处，其中玉龙喀什河、喀拉喀什河是出产和田玉的中心地带。

"和田玉"这一名称直到清代才得以正式命名。追索"和田玉"名称的起源，可以从秦代开始。秦称"昆山玉"，即是以这种玉产在昆仑山而命名；以后又称为"于阗玉"，是因产在当时西域的于阗国而命名。今天我们所说的和田玉即是古时的"昆仑之玉""于阗玉"。清代光绪九年（1883）置和田直隶州，之后开始用"和田玉"这一名称。实际上，"和田玉"的开发历史已有几千年之久。

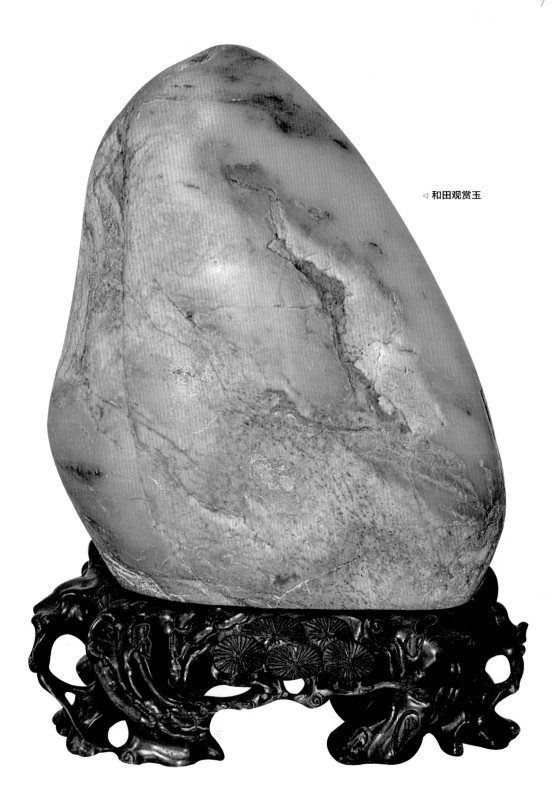

◁ 和田观赏玉

二
和田玉的形成

△ 白玉铺首耳杯　明代

长13.4厘米

经过多年对和田玉成因的研究表明，和田玉是岩浆期后溶液与白云石大理岩以双交代方式产生的一种第三种岩石（透闪石晶质集合体）的结果，其化学反应式为：

$$5CaMg[CO_3]_2+8Si_2+H_2O \longrightarrow Ca_2Mg_5[Si_4O_{11}]_2(OH)_2+3CaCO_3+7CO_2 \uparrow。$$

白云石、透闪石（和田玉）和方解石分布于昆仑山的各个和田玉矿床，它们的地质特征基本相同。如已知开采年代最久、规模较大的新疆于田县的阿尔玛斯玉石矿床，且末县的塔特勒克苏玉矿，均是以如上所述的方式形成的。

△ 白玉菱花佩　明代

长6.8厘米

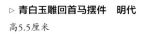

▷ 青白玉雕回首马摆件　明代

高5.5厘米

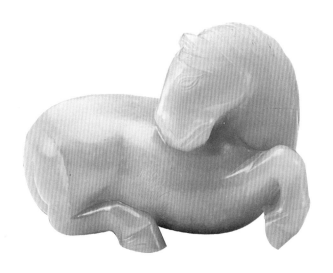

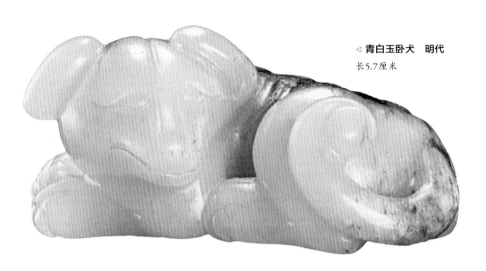

◁ **青白玉卧犬　明代**
长5.7厘米

▽ **青白玉扬扬得意摆件　明代**
长7厘米

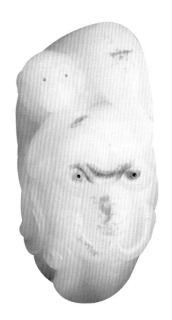

◁ 白玉把件和田俏色羊脂封侯拜相

高8.1厘米，宽4.8厘米，厚3.0厘米，重199.3克

▽ 白玉雕人物山子　明代

长15厘米

三
和田玉的资源量和产地

1 │ 资源量

　　和田玉的开发利用已有几千年的历史。随着现代的过度开发，上乘的和田玉已越来越少。和田玉的开采主要集中在新疆巴音郭楞蒙古自治州的且末县、和田地区的于田与皮山两县和喀什地区的叶城县四个地段。四个地段2004年产山料玉250吨～300吨。此外，在玉龙喀什河中下游及两岸的阶地中，还开采籽玉，年产各种籽玉料约10吨，其中白玉仅占10%～15%。根据地质成矿条件推测，和田玉成矿远景十分美好，但是和田玉隐伏的矿烟云山雾海体仍是个未知数。在和田市的玉龙喀什河，从古到今不知捞出多少世间罕见的美玉，可是时至今日原生矿尚未找到。玉龙喀什河中的白玉究竟来自哪里，还有待地质工作者的发现。随着现代机械化开采的大幅度提升，和田玉的开采量也随之不断攀升，现在月开采量是前人百年开采量的总和。

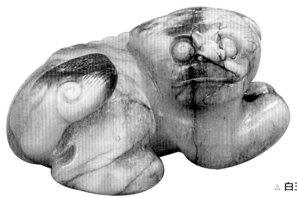

△ **白玉圆雕卧狮摆件　明代**
长7.8厘米

和田玉的储量究竟有多少？从昆仑山玉矿产成矿带考察，其西起塔什库尔干县城以东的安大力塔格，东到且末县的阿尔金山北翼之肃拉穆宁塔格一带，全长1100多千米，宽约50千米；现已初步探查的原生玉矿产地有20余处，加之众多河流中的籽玉，预测总资源为21万～28万吨。其中，只有三处产地预计储量达到2.5万吨。就目前的储量而言，以年产250吨计算，加上回采损失率按50％计算，其资源可利用的年限仅为50年。

△ 白玉羊　明代
长6.5厘米

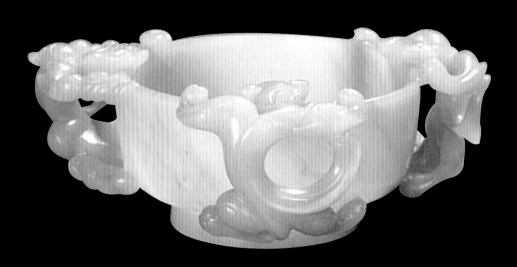

△ 白玉三螭杯　明代
宽12厘米

△ 青白玉莲纹执壶 明晚期

宽18厘米

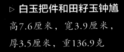

▷ 白玉把件和田籽玉钟馗

高7.6厘米，宽3.9厘米，
厚3.5厘米，重136.9克

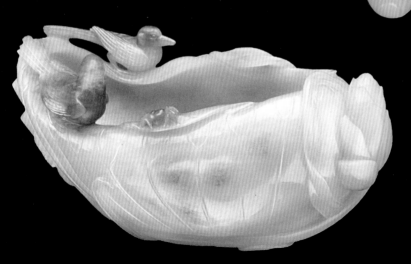

△ 白玉巧雕喜事连连洗 明晚期

宽21.1厘米

▷ 白玉把件和田俏色籽玉一路莲科
高6.2厘米，宽5.0厘米，厚2.5厘米，
重109.9克

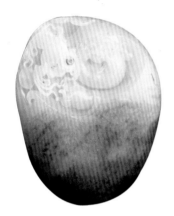

◁ 白玉把件和田俏色籽玉刘海戏金蟾
高8.3厘米，宽6.4厘米，厚3.2厘米，
重258.5克

△ 青白玉带皮鹅衔莲摆件　明晚期
长9厘米

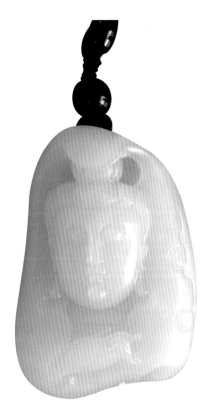

△ 和田玉观音挂件

另据专家研究，在昆仑山玉矿产成矿带上，大约在东西方向，每50千米～150千米内就有一段矿化显示，而每个矿化地段一般都有矿体3～4个。根据新疆地矿局第十大队实地调查和地质成矿条件分析，在全长1100千米的范围内，预计有十余处矿化地段，存在玉石矿体35～50个，是目前已知矿体的2.5倍，也说明找矿前景可观。

有人士强烈呼吁，应采取措施保护和田玉资源。和田水库的建成使得洪水冲出籽玉的机会减少了，眼下的掠夺性乱开滥采是导致和田玉资源严重浪费的主要原因。在玉龙喀什河中下游及两岸，为获取和田玉，不惜动用大型机械挖掘设备，乱开滥采，个别地段的沟深达17米。这些现象应得到相关部门的重视。

◁ 玉壶

2 │ 产地

经地质部门多年考察勘探表明，新疆玉分布范围很广，从西部的塔什库尔干到东部的且末、若羌，沿昆仑山脉北麓都曾有玉矿点，绵延1100多千米。已探明的矿点在海拔4000米～5000米的雪线附近，有个别的矿点在海拔2500米处，因此开采山料玉是十分困难的。

新疆玉的产地主要集中在四个地段。

莎车、塔什库尔干地段，主产玉矿有两处。

第一处：古代称叶羌西为"玉河"，附近的密尔岱山、玛尔湖普山为玉的主产地，是"大禹治水玉山子"等大件山料玉的来源地。

第二处：位于塔什库尔干县东南的玉矿也曾出产青玉，20世纪50年代还采过玉。现矿已废弃。

△ 白玉四色巧雕瑞兽同欢纹摆件　清早期
长10.5厘米

▽ 黄玉把件和田龙凤黄玉把件
高10.5厘米，宽6.0厘米，厚2.8厘米，重262克

△ 白玉杯（一对） 清雍正

直径7.9厘米

△ 白玉雕鸳鸯纹摆件 清早期

长16.2厘米

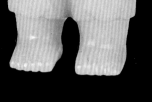

白玉浮雕四君子方笔筒　清乾隆

高9.6厘米，直径5.1厘米

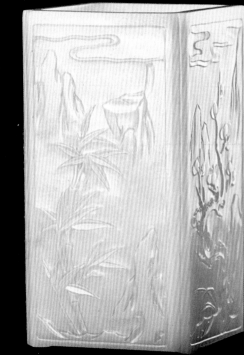

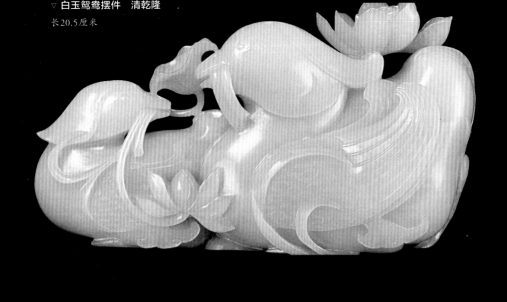

▽ 白玉鸳鸯摆件　清乾隆

长20.5厘米

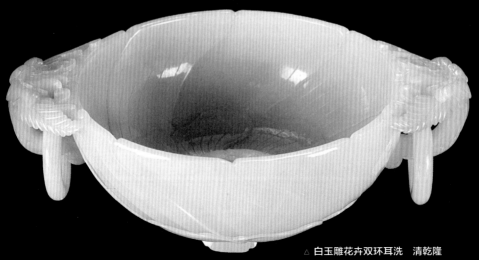

△ 白玉雕花卉双环耳洗　清乾隆

长23厘米

和田、于田地段，主产玉矿有五处。

第一处：在皮山县喀拉喀什河上游、新藏公路382千米处的北山坡，海拔3950米处有一矿点，产白玉、青玉、昆仑玉（岫玉）；古采坑很多。

第二处：皮山县卡拉大坡西矿点，在海拔4000米处，产白玉，质量较好。但当地的交通十分不便。

第三处：皮山县铁白觅矿点，在海拔3350米处，主产青玉、昆仑玉（岫玉）。但当地的交通十分不便。

第四处：和田县黑山矿点，曾是古玉重要的生产地点。

第五处：于田县的阿拉玛斯玉矿，为近代主要产玉地，规模较大，矿点很多。早年戚家、富家曾在此地开玉矿。经勘察，矿脉主产白玉、青玉，尤以白玉质量最好。

且末地段，主产玉矿有三处。

第一处：塔特勒克苏矿，位于且末县城东南125千米处。当地交通较便利，海拔3500米～4000米，以产青玉为主，也产白玉。现在还在开采。

第二处：哈达里可奇台矿，在且末县城东南160千米处，有古矿点。当地交通十分不便，海拔2500米～3000米，主产青玉和少量白玉。

第三处：塔什萨依矿，在且末县城东300千米处。当地交通十分不便，海拔4000米～4800米，产青玉、青白玉和白玉。

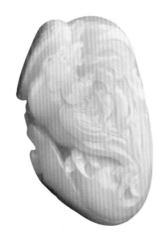

△ 白玉把件和田俏色羊脂籽玉官上加官

高6.1厘米，宽4.1厘米，厚2.9厘米，重128.2克

△ 白玉把件和田俏色羊脂籽玉半壁江山

高7.9厘米，宽4.7厘米，厚2.6厘米，重172.1克

△ 白玉把件和田俏色籽玉事事如意

高12厘米，宽5.5厘米，厚3.0厘米，
重354.6克

△ 花鸟山子

△ 白玉手链和田原籽手串

7件俏色和田籽玉，重92克

△ 白玉把件和田俏色籽玉年年有余

高8.0厘米，宽3.8厘米，厚2.3厘米，重103.2克

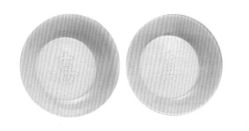

△ 白玉浮雕宝相花双喜盖盒　清乾隆

直径14厘米

四
和田玉的颜色

　　和田玉具有漂亮的颜色，颜色是其重要的特性之一，认识和田玉必须从颜色入手。和田玉有的色彩绚丽，有的斑斓耀眼，其华丽的外貌吸引着人们的目光。

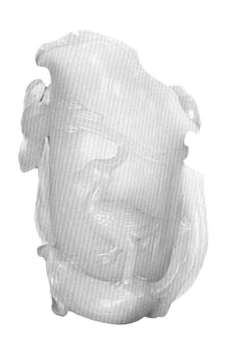

△ 白玉一鹭连科摆件　清早期

高12.5厘米

△ 和田黄玉龙凤把件

高7.2厘米，宽3.7厘米，厚1.1厘米，重58.6克

△ 白玉素身活环象耳瓶　清乾隆
高19厘米

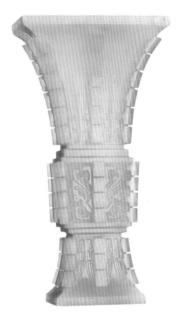

△ 白玉雕饕餮纹出戟觚　清乾隆
高18.3厘米

◁ 白玉双鹿耳兽面纹活环洗　清乾隆
宽21厘米

▷ 白玉高士双耳杯　明代

宽10.5厘米

△ 白玉薄雕西番莲纹耳杯　清乾隆

直径10.5厘米

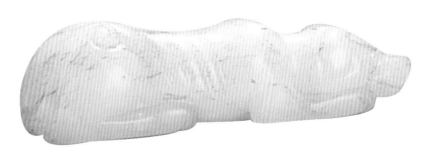

△ 白玉卧犬　清早期

长8厘米

◁ **青玉佛 清乾隆**
高20厘米

△ 青玉大碗　清乾隆

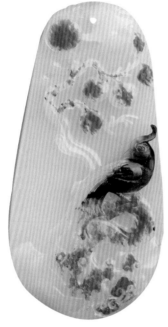

△ 白玉牌 和田俏色籽玉喜上眉梢

高9.0厘米，宽4.8厘米，厚1.5厘米，重111.9克

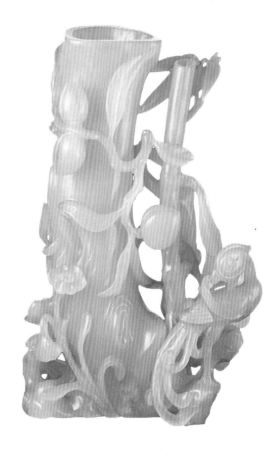

▷ 青玉树桩形凤凰花插　清乾隆

高15.2厘米

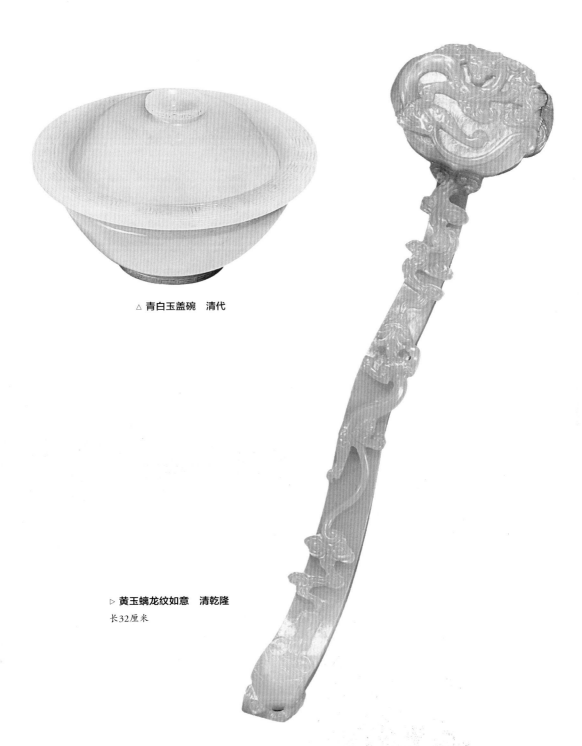

△ **青白玉盖碗** 清代

▷ **黄玉螭龙纹如意** 清乾隆

长32厘米

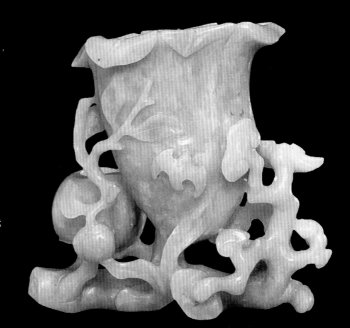

▷ **青玉荷叶形花插　清代**
高13.3厘米

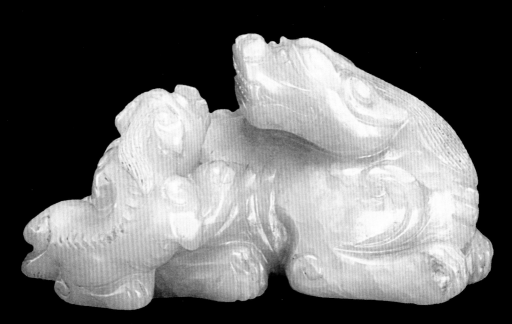

△ **青玉瑞兽　清代**
宽8.3厘米

通过颜色可以对和田玉进行分类。根据和田玉的不同颜色，将和田玉分为羊脂白玉、白玉、青白玉、青玉、碧玉、墨玉、黄玉、糖玉八大类。而在每个大类中，根据颜色的细小差异又分成若干不同的品种，如白玉中的梨花白、象牙白、鸡骨白、鱼肚白、糙米白、羊脂白……其中以羊脂白为最佳，是和田玉中的上品。又如黄玉有葵花黄、鸡蛋黄、栗子黄、菊花黄、谷子黄等，其中"黄如蒸栗"者最好。

和田玉有白色、青色、黄色和黑色四种基本色调。除此之外，还有一些过渡色，如青白色、灰白色、黑绿色等。

△ 白玉仙人骑鹤　元代

高 2.7厘米

△ 白玉仿古璧　明代

直径8.5厘米

▷ 灰青玉卧马摆件　清代

长15.2厘米

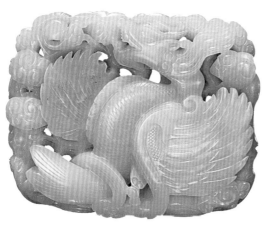

◁ 白玉鱼化龙饰件　元代

高9.5厘米

▷ 白玉梅花诗文方壶　明代

高16.5厘米

　　单一颜色的和田玉往往特别诱人。例如，白玉贵在色白如脂，青玉深蓝迷人，黄玉嫩黄如油，墨玉漆黑如炭。因为自然属性的客观存在，和田玉的颜色变化是很大的，其中也有一定的规律。青白玉由深蓝过渡到白净，其颜色变化是呈多样性的。由于颜色的多样性和复杂性，使和田玉的颜色有各自的特点：有的呈浸染形状、有的自里向外显露、有的由浅变深、有的由外向里过渡，更有的像朵朵白云、有的像团团飘絮、有的像人物再现、有的像动物飞奔。和田玉的颜色变化令人惊叹，有的不白也不青，发灰而显白；有的显白显红又显青，还透着灰色；有的漆黑，从里向外泛着墨绿色；有的嫩黄，嫩黄中泛着淡青色；有的黄红白青蓝备显峥嵘；有的糖色裹着不白不蓝不青不红，尽显五颜六色之曲线。和田玉的颜色有的有规律可循，有的无规律而言，它的可贵之处就在于让你有重新认识它的机会。

▷ **白玉雕卧牛纹摆件　清早期**

长17.5厘米

认识和田玉的颜色，有助于对和田玉的收藏、购买、娱乐、使用、投资和生产加工。

认识和田玉的颜色后，还应掌握其颜色的划分标准。和田玉有多种皮色，尤其籽料的皮色各有千秋，甚是独特。

从工艺角度和欣赏角度看，和田玉的颜色分"脏"与"不脏"。

和田玉的"脏"与"不脏"，是指和田玉的颜色是否纯净，这会对和田玉的制作工艺产生影响。如果脏，在进行工艺雕琢时要设法剔去。

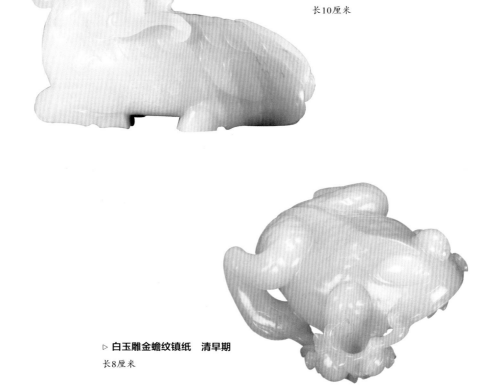

◁ 白玉衔莲花回头甪摆件　明代

长10厘米

▷ 白玉雕金蟾纹镇纸　清早期

长8厘米

△ 白玉圆雕童子戏荷摆件　明代

高5.6厘米

　　自古以来，和田玉的颜色吸引着人们的目光。《夷门广牍》称："于阗玉有五色，白玉其色如酥者最贵，冷色、油色及重花者皆次之；黄色如粟者为贵，谓之甘黄玉，焦黄色次之；碧玉其色如蓝靛者为贵，或因合其他杂质而呈绿色、暗绿色，色淡者次之；墨玉其色如漆，漆黑如墨；赤玉如鸡冠，人间少见；绿玉系绿色，中有饭糁者尤佳；甘清玉色淡青而带黄；菜玉非青非绿如菜叶色，最低。"这也就是说，"白色如酥"和"黄色如粟"者最为珍贵。现实生活中白玉可见，黄玉则不多见了。黄玉因为稀少，更受到世人的追捧。

△ 墨玉牛气冲天

△ 墨玉兔

△ 墨玉钟馗

△ 灰玉饕餮纹仿古钟 明代

五
和田玉的特性

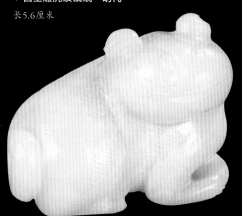

▽ 白玉雕虎纹镇纸　明代

长5.6厘米

　　和田玉是一种质地细腻的毡状结构的透闪石,人们可以直接感受到它的颜色、质地、光泽、透明度等物化性质。人们一般用"美丽"、"耐久"和"稀少"来概括和田玉的特性。

▽ 白玉雕狮纹镇纸　明代

长8.5厘米

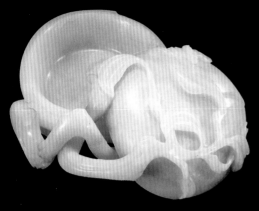

△ 白玉福寿桃形盒　明代

长10.8厘米

▽ 白玉兽面纹洗　明代

高7.4厘米

1 | 美丽

从古至今，几千年的中华文化，人们对和田美玉的开采和享用源远流长。首先是"君子比德于玉"成为人们修身养性的座右铭。再者，中华大地上发现了各种各样的玉石，其中新疆的和田玉以美丽而闻名天下。

2 | 耐久

和田玉的耐久性包括两个方面。其一是坚硬，硬得不易磨损；不但坚硬，而且有很好的韧性。其二是化学性质稳定，恶劣的自然环境非但没有损伤和影响它，反而使它更具坚硬性和韧性。

3 | 稀少

天下物以稀为贵。无论多么美丽和耐久的和田玉，如果储藏量很大，很容易挖掘采集，那么就不具备价格高昂的特性。目前，和田玉的储量十分有限，尤其和田羊脂白玉更是非常稀少。有人说，再过20年和田就没有羊脂白玉了。

总之，各地区的各个民族生活在中华大地上，其文化背景、经济结构和风俗习惯均有差异，因此对和田玉的认识和喜好程度也存在差异，但人们对和田玉特性的认识是相同的。

▷ 白玉佛手　明代
高13.8厘米

▷ 白玉雕卧马笔架　明代
长6.5厘米

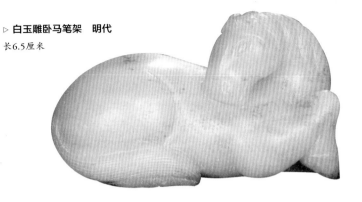

◁ 白玉双马　明代
长6.5厘米

▷ 白玉鹰桃洗　明代
宽10.2厘米

　　整件以白玉琢成，玉质青白，造型圆润饱满、古朴沉稳。所选白玉色泽洁白素雅，整体呈寿桃形，整挖做成水洗，茎部镂雕一雄鹰于上，展翅欲飞，寓意吉祥福寿；底部及周围攀满桃树的枝叶，树上结桃子，置于洗口沿之外。

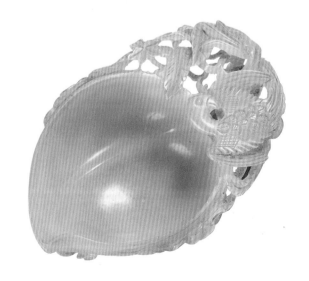

▽ **白玉雕耄耋守业纹镇纸　清早期**
长7.5厘米

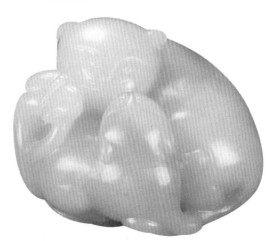

▽ **白玉带沁十二章圭　明代**
长18.7厘米

△ **白玉三钻金刚杵　明代**
长13.5厘米

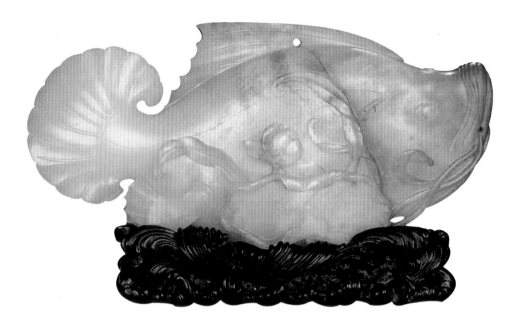

△ **白玉雕连年有余纹摆件　清早期**

长20厘米

　　以上等新疆和田白玉雕成，局部留皮，色泽丰富。以写意手法圆雕鲶鱼，鲶鱼圆眼阔嘴，口衔水草，身体扁平肥硕，尾鳍翻卷，状如灵芝。鲶鱼身体两侧浮雕莲花荷叶，叶边卷翘，叶筋脉络隐约可见，立体感极强。

▷ **白玉雕象纹摆件　清早期**

长6.5厘米

　　和田白玉质，细腻温润。圆雕大象，象身肥硕丰腴，肉纹如流，四肢粗壮如立柱；象低首，双耳垂于脑侧，獠牙如矛，长鼻卷于颌下，双目微闭，神情恭敬温顺。

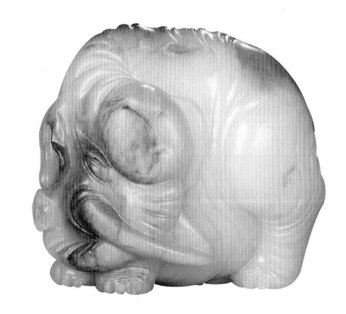

第二章

和田玉的种类

一
和田玉的主流品种

1 ｜ 羊脂白玉

　　羊脂白玉是和田白玉中的最佳品种，属优质白玉。其颜色呈脂白色或比较白，可稍泛淡青色、乳黄色。品质纯净，质地非常细腻，温润如凝脂。可有极少量的杂质，一般在1％～3％。羊脂白玉仿佛羊脂一样白，不但白度最高，而且有一种刚中带柔的感觉，历史上有"白玉之精""玉英"等说法。目前，全世界也只有新疆和田出产羊脂白玉，其产量稀少，名贵的和田羊脂白玉在市场上难以见到。

△ **和田羊脂白玉观音挂坠**

长5.2厘米，宽3厘米，重48克

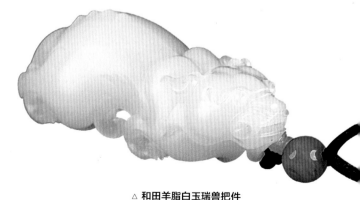

△ **和田羊脂白玉瑞兽把件**

长6厘米，宽2.2厘米，重41克

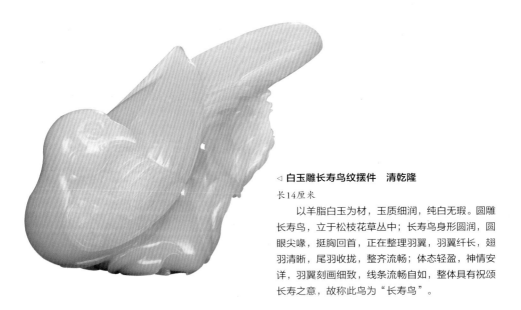

◁ 白玉雕长寿鸟纹摆件　清乾隆

长14厘米

以羊脂白玉为材，玉质细润，纯白无瑕。圆雕长寿鸟，立于松枝花草丛中；长寿鸟身形圆润，圆眼尖喙，挺胸回首，正在整理羽翼，羽翼纤长，翅羽清晰，尾羽收拢，整齐流畅；体态轻盈，神情安详，羽翼刻画细致，线条流畅自如，整体具有祝颂长寿之意，故称此鸟为"长寿鸟"。

△ 白玉雕三阳开泰纹摆件　清乾隆

长10厘米

羊脂白玉质，温润纯净。整体为大小三只羊俯卧于山石之上，或左顾右盼，或回首遥望，神态安详怡然。大羊屈腿前倾，口衔灵芝仙草，一只小羊趴伏于其胸前，另一只小羊扒在大羊臀上。两小羊机灵伶俐，活泼可爱；三羊相互依偎，温情脉脉。

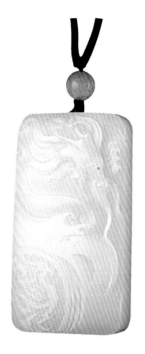

△ **和田羊脂白玉龙牌**

长5.8厘米，宽3.1厘米，重70克

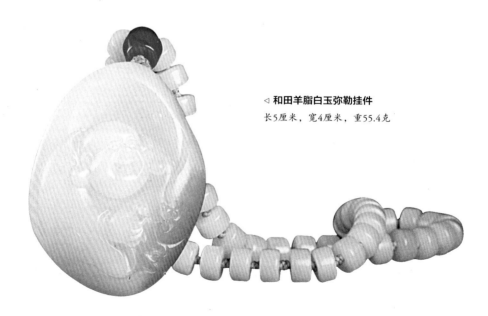

◁ **和田羊脂白玉弥勒挂件**

长5厘米，宽4厘米，重55.4克

◁ **和田羊脂白玉观音牌**

长7厘米，宽3.5厘米，重83克

▽ **和田羊脂白玉瑞兽手把件**

长6厘米，宽3.5厘米，重104克

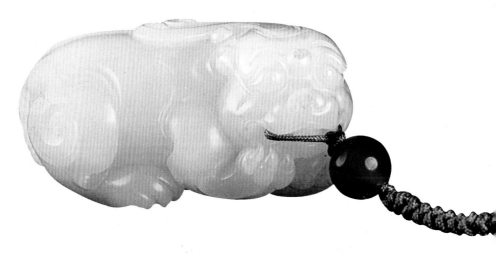

2 ｜ 白玉

　　白玉是指颜色呈白色、以白色为主之玉。由白到青白或灰白，常带灰绿、淡青、褐黄、肉红或紫灰等色调。白玉可分为羊脂白玉、白玉和糖白玉，是高档玉料，以质地纯净温润而闻名天下。一般业内人士把各种白色分为梨花白、雪花白、象牙白、糙米白、鸡骨白等。

△ 白玉牛　西周

长5.5厘米

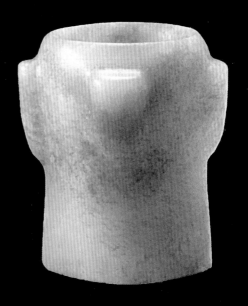

▷ 白玉蝉纹琮　商代

长5厘米

◁ 白玉环　春秋
直径9.5厘米

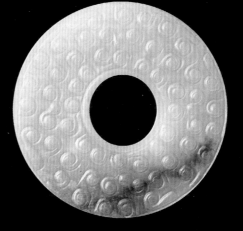

▷ 白玉勾连纹璧　战国
直径4.6厘米

◁ 白玉狮子　东汉
高3.8厘米

△ 白玉龙形佩　战国

长8.4厘米

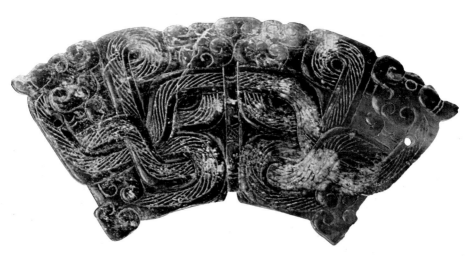

△ 白玉龙纹璜　战国

长7.8厘米

　　白玉中最佳者白如羊脂，称为"羊脂白玉"，是玉中上品。羊脂白玉的特点是白、透、细、润，所谓"白如割脂"。其本身为白色，但透过灯光看带温粉色。羊脂白玉数量甚少，价位很高。多数则是一般的白玉，虽同为白玉，但由于微量元素的差异，又会呈现不同的白色，故又有糙米白、鱼肚白等名色。这些命名都是古人随意起的，在实际上很难一一区分。总之，白玉要白而温润，理论上自然越白越好，但太白了变成"死白"又不好。这里，温润与否很重要，白而不润便是"死白"，绝不是上等白玉。

◁ **白玉辟邪佩　元代**
高6.5厘米

白玉原料中常有杂质——石皮。石皮与白玉是比较容易区分的。如果玉中的石太多了，那么玉自身的价值就很低了。

白玉籽料中带有皮色——糖色、秋梨色、虎皮色等，皮色应小于30％。籽玉表皮一般都有杂色，这种杂色是籽玉特有的。白玉山料中常可见糖色，糖色可以深入到玉料的深处，这种现象也是白玉特有的。其中糖色部分占30％～85％的称为糖白玉，是羊脂白玉和白玉到糖玉的过渡品种。传统观念认为，杂色有损玉质，故在加工中都设法剔除。而现在，杂色被巧妙应用，反而使玉中的杂色更富有艺术魅力，其观赏性更高，目前的市场价格一路看好。

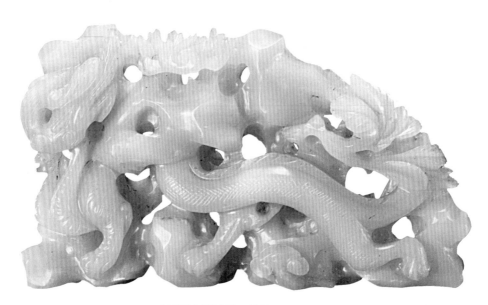

△ 白玉透雕龙纹摆件　元代
长13厘米

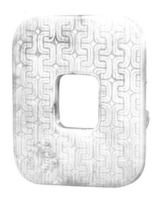

△ 白玉螭龙纹方璧 明代
高9厘米

◁ 白玉高士立像 清早期
高18厘米

3 | 青玉

　　顾名思义，青玉为玉之青色者。一般来说，它呈灰白至青白色，古人有所谓虾子青、鼻涕青、杨柳青、竹叶青等名目，故有人又笼统地称其为"青白玉"。青玉是软玉中硬度最高的，又称为刚玉，但颜色不如白玉美。青玉以青色为主，但也有在本色之上出现小面积糖色（棕褐色或黄色）者，这种青玉又称"糖玉"。糖玉多出现在白玉和青玉中，属于从属地位，不单划为玉种。因为糖色在玉雕中很有利用价值，所以向来深受人们的青睐。

◁ **谷纹青玉璧　战国／汉**
直径13.8厘米

▷ **青玉璧　明代**
直径13厘米

◁ **青玉龙形佩　宋代**

长19厘米，宽7厘米

△ **青玉瑞狮　　明代或更早**

长10.1厘米

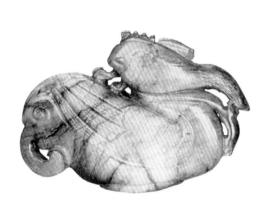

◁ 青玉雕凤及青白玉鹤衔荷叶摆件　明代
宽6.3厘米

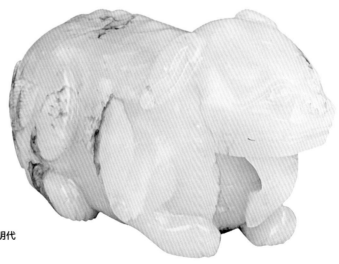

▷ 青玉带皮瑞兽　明代
宽7厘米

△ 青玉饕餮纹出戟方觚　明晚期

高20厘米

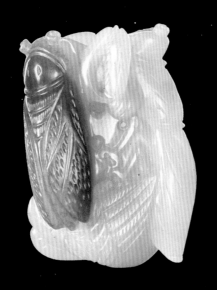

青玉是指玉料呈灰绿色、青灰色的软玉，可分为青玉、青白玉、糖青玉、糖青白玉、翠青玉、烟青玉。实际上，青玉的"青"是一个比较含糊的颜色，既非灰又非绿，是一种不鲜明的淡青绿色。说白又青，说青又白。青白玉介于青玉和白玉之间，业内人士称其为青白玉。青白玉与白玉和青玉之间也没有明显的界限，都是人们凭实践经验的感觉而定的。目前白玉和青玉的产量相对羊脂白玉要大一些，也因为中国古玉大都使用青玉和青白玉作材料，所以青玉的影响是很久远的。

△ 黑白玉巧雕螳螂捕蝉黄雀在后坠　清中期

长4.5厘米

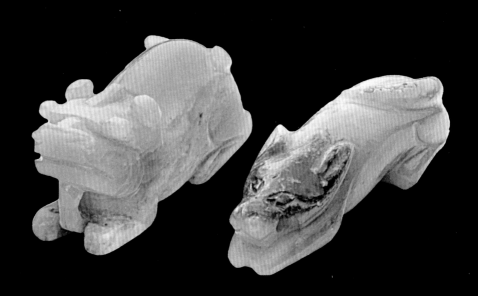

△ 青玉动物把件（一组）　明晚期

长5.3厘米

△ **青玉骆驼摆件　清代**

宽15.5厘米

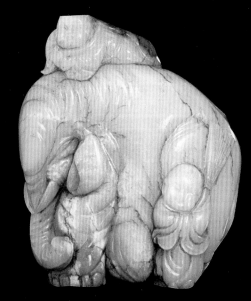

▷ **青玉童子骑象摆件　清代**

高13.3厘米

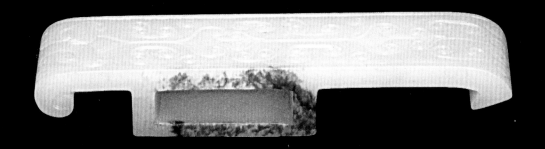

△ **青白玉雕剑璏式墨床　清中期**

长12.8厘米，宽3.5厘米，高2.0厘米

◁ 黑白玉童子（两件）　清中期
分别高5厘米、3.5厘米

4 ｜ 糖玉

　　糖玉是指玉料呈红褐色、黄褐色、黑褐色等色调的软玉。其颜色是玉石经氧化而受铁、锰的浸染而成。只有当糖色大于85％时才可称为糖玉。在存世玉器中，真正为红色的糖玉是极为少见的，一般多为紫红色或褐红色。

◁ **青白玉螭龙纹盖瓶　清中期**

高16厘米

◁ **碧玉竹节铺耳衔环长方洗（两件）　清代**
长33.5厘米，宽19.5厘米

5 ｜ 碧玉

　　碧玉是指玉料呈青绿、暗绿、
墨绿、黑绿色的软玉。颜色为绿至
暗绿色，有时可见黑色斑点，这是
因为含杂质所致。其绿又有鹦哥
绿、松花绿、白果绿等名目，以质
地透光、色润如菠菜者为上乘；绿
中带灰者为下品。上好的碧玉色如
翡翠，粗看易与翡翠相混，但其黑
色星点的特征和在灯下照耀绿会失
色的特点，又与翡翠截然不同。古
代妇女常以此作头饰，"碧玉簪"
的故事在民间流传极广。

△ **碧玉雕西园雅集图笔筒　清乾隆**
高17厘米

◁ **碧玉江山万代山子 清代**

高 30.5厘米

△ **碧玉雕麒麟吐书摆件 清乾隆**

长18厘米，高12厘米

碧玉的颜色是因含一定量的阳起石和含铁较多的透闪石所致。碧玉即使接近黑色，其薄片在强光下仍是深绿色的。某些碧玉与青玉不易区分，一般颜色偏深绿色的为碧玉，而偏青灰色的为青玉。优质的碧玉也是十分名贵的，但不能与羊脂白玉相媲美。碧玉与青玉之间的界限虽说也有过渡色，但不像青玉与白玉之间那样模糊，是比较容易区别的。在中国的玉文化中，碧玉也占有一席之地。

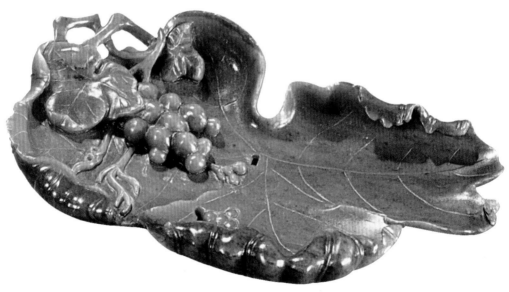

△ **碧玉葡萄纹笔舔　清代**

长21厘米

△ 碧玉山水人物山子 清代
高17.5厘米

△ 和田籽料碧玉飞黄腾达佩

高6.8厘米，宽3.8厘米，重61.44克

▷ **老坑籽料碧玉龙凤呈祥**

直径5.5厘米，重77克

△ **和田老坑碧玉籽料龙凤对牌**

高5.5厘米 /5.8厘米，重26.9克/28克

6 | 黄玉

　　黄玉是指玉料呈绿黄色、米黄色的软玉，带有绿色调，是软玉中一种较珍贵的品种；硬度高于白玉，是不透明体，多淡色，色浓者极少。黄玉有鸡油黄、蜜蜡黄、栗子黄、桂花黄等名目，以鸡油黄、蜜蜡黄、栗子黄为佳。由于黄玉出产较少，故黄玉的身价不在白玉之下。清人谷应泰就认为"玉以甘黄为上，羊脂次之"（《博物要览》）。黄玉的黄色越浓则越珍贵，色纯细润的鸡油黄，其价格有时不亚于羊脂白玉。

▷ 黄玉咬尾龙　元代
宽6厘米

◁ 黄玉璇玑　西周
直径13厘米

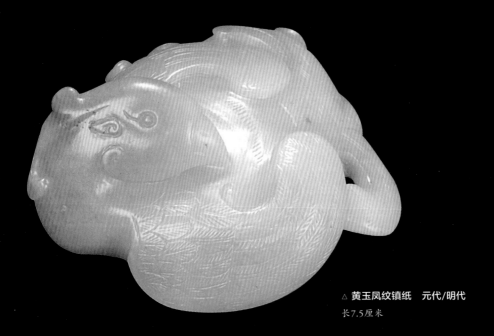

△ 黄玉凤纹镇纸　元代/明代
长7.5厘米

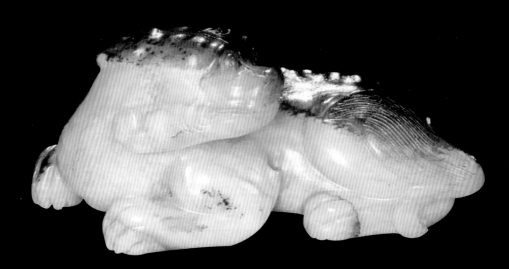

△ 黄玉雕瑞兽纹镇纸　元代/明代
长8.5厘米

△ 黄玉太狮少狮　明代

长10厘米

▽ 黄玉卧马　明代

长8.1厘米

△ 黄玉鹿衔灵芝摆件　明代

长6厘米

△ 黄玉雕菱式花纹觚　清早期

高15厘米

△ **黄玉太狮少狮　明代**

高8.8厘米

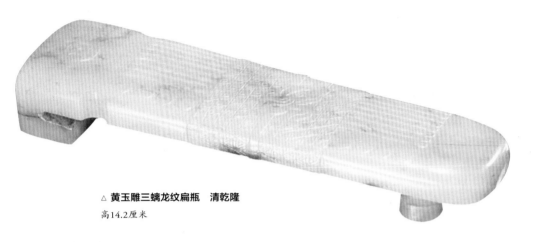

△ 黄玉雕三螭龙纹扁瓶　清乾隆

高14.2厘米

△ 黄玉雕卧马纹挂件　明晚期

长7厘米

△ 黄玉龙凤兽面纹杖首　明代

高11.7厘米

△ **黄玉鱼化龙花插　清乾隆**

高14.6厘米

7 | 墨玉

墨玉是指玉料呈黑色和灰黑色的软玉。其黑色如漆者是上等的玉玺材料，价格不菲。但在一般情况下，墨玉的黑色不均匀，既有浸染的黑点状，又有云状和纯墨型状。墨玉之所以呈黑色，主要因为玉中含石墨所致。因此，我们时常可以看到黑白相间的墨玉，一般这种墨玉习惯上称为青花墨玉。也可以发现墨玉上呈现青点。

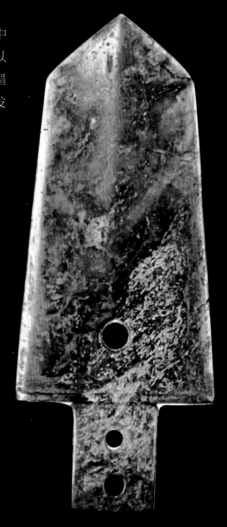

▷ **古玉戈 · 商代**

长18厘米，宽7.1厘米

玉质墨绿，夹有黄色斑，色泽晶莹，器身多红褐色沁。有一大一小两穿；三角援上刃平直，一侧刃微微下凹，钝刃；锋呈三角状；援中起脊，脊两侧形成浅凹槽；阑为减地雕出的一道宽凸弦纹；援后端近阑处有一圆形穿孔。

▷ **玉琮　商代**

高9.0厘米，直径7.5厘米

　　玉质墨绿，色泽温润。圆柱形，内圆外方。短射，射部采用去角为圆法琢磨而成，可见明显的加工痕迹。中间圆孔对钻而成，孔壁研磨光滑。器表抛光，光素无纹。造型古朴自然，棱角分明，琢磨精致，是商代玉琮中之精品。

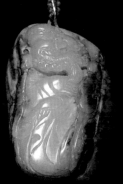

◁ **墨玉达摩**

△ **墨玉山水人物山子　清代**

高8.5厘米

8 | 其他玉石

　　除了上述几种主流的和田玉之外，还有一些不太常见的玉料的品种。比如虎皮玉，其外观呈现虎皮色；青花玉，其外观呈现天蓝色，由深变浅，越浅颜色越白，但白里泛黑；花玉，其外观呈现花斑色。

△ 墨玉花开富贵

△ 墨玉富甲一方

△ 墨玉金玉满堂

△ 墨玉财神玉印

◁ 墨玉龟鹤延年

▷ 墨玉连年有余

二 和田玉的产出形式分类

新疆和田玉通称"软玉"。根据新疆和田玉的产出情况，可分成从河水中采集到的籽玉、从大山中挖掘到的山料玉，以及原生矿石经风化崩落，再由河水冲至河流中上游的棱角尚存的玉——流水。

1 ｜ 籽玉

籽玉是指河床中天然存在的玉石，其形状为鹅卵石状，表面光滑，形状各异，大小不等。和田当地百姓称籽玉为"子儿玉"，它是原生矿经自然风化及冰川、泥石流、河水不断冲刷等原因形成的，被洪水冲运到山下的河床中。它主要分布于河床及河的两侧新老河床中的裸露地表或沙河床中。籽玉的特点是块度较小，常为不规则的卵形，多数带皮，为大自然的杰作。籽玉经过几十万年或几百万年的河水冲刷、碰撞后，质地经过自然筛选，最好的玉料就在其中。籽玉有各种各样的带皮形状和不同颜色。有专家说，和田羊脂白玉多产于籽玉之中。

△ **和田白玉籽料荣华富贵牌**

长3.5厘米，重31克

△ **和田白玉青花籽料牛首章**
高6.2厘米，重211克

白皮的称为白皮籽玉；
青皮的称为青皮籽玉；黑皮
的称为黑皮籽玉；青花皮的
称为青花籽玉；鹿皮色的称
为鹿皮籽玉。还有红皮、黄
皮和虎皮等籽玉。

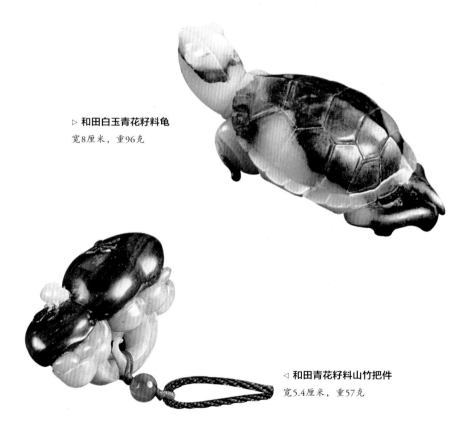

▷ **和田白玉青花籽料龟**
宽8厘米，重96克

◁ **和田青花籽料山竹把件**
宽5.4厘米，重57克

△ 和田红皮羊脂籽玉扭转乾坤　白玉把件
高7.6厘米，宽4.5厘米，厚4.3厘米，重256.2克

△ 和田羊脂原籽观音　白玉把件

高7.1厘米，宽3.8厘米，厚2.1厘米，重129.5克

△ 籽料把件必定成龙

△ 和田白玉籽料大观音牌

高8.8厘米，宽5.7厘米，厚1.0厘米，重141.5克

△ 原籽笑佛

◁ 羊脂籽料花开富贵

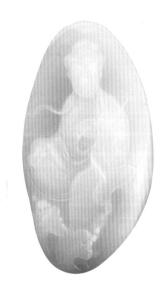

△ 和田俏色籽玉观音

高6.1厘米，宽3.4厘米，厚1.9厘米，重56.2克

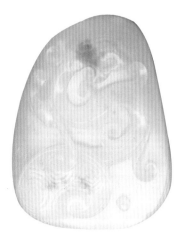

◁ 原籽龙韵

2 | 山料玉

和田山料玉又名山玉，又叫渣籽玉，当地百姓也称宝盖玉，特指产于山脉上的原生矿。山料玉特点有别于籽玉，其特点是呈不规则块状，片状块度大小不一，棱角状，参差不齐，质地不如籽玉，一般不带皮。和田山料玉有不同的品种，比如，有白玉山料、糖白玉山料、青白玉山料等。

行业内人士习惯按矿坑给山料玉区分种类。

戚家坑，在新疆且末县，由天津人戚春甫、戚光涛兄弟所开。此矿产出的玉料色白而质润，虽也有色白稍青的，在制作过程中又会逐渐返白，质地很润，是有名的料种。

杨家坑，在新疆且末县，所产玉料带有栗子皮色的外衣，内部色白质润，是一种上好的料种。

卡羌坑，在新疆且末县山上，所产玉料有白口、青口、黄口三种，质坚性匀，常有盐粒闪现。青口料制作薄胎玉件时，可返青为白色。

△ 白玉雕如意莲瓣纹盖盒　清乾隆

直径8.2厘米

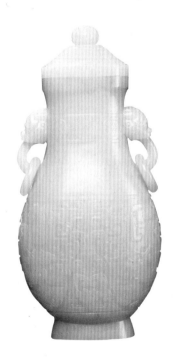

▷ 白玉雕龙凤纹兽耳衔环瓶　清乾隆

高22.6厘米

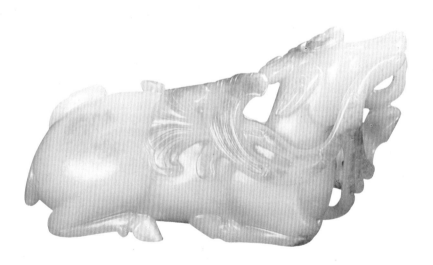

△ **白玉留皮巧雕天鹿献瑞纹摆件　清乾隆**

长14.5厘米

　　玉材为和田玉，整块籽玉雕成，油润细腻。圆雕一鹿作跪卧状，昂首，吻部凸出，口衔灵芝，温驯可人，灵气十足。鹿身光素，曲线优美流畅，玉皮巧雕鹿角、灵芝，色泽金黄，如沐夕阳

△ 白玉雕英雄合卺杯　清乾隆

高12.8厘米

3 | 山流水

　　和田山流水是一类经自然风化、泥石流、雨水冲刷后所形成的玉料。它的名称是由当地百姓根据采玉和琢玉艺人命名而成的，特指原生矿石经长期地质变迁、地壳运动、风化崩落，并被洪水冲击，迁移到河流的中上游河床中的玉石。因此，山流水的特点是玉料距原生矿近，块度较大，棱角稍有打磨，形成圆形，玉料表面较光滑，质地介于籽料和山料之间，也就是玉料没有完全变成籽料，其内外质色一致，也是一种优质的料种。

△ 白玉雕麒麟背书摆件　清乾隆
长8厘米

第三章

和田玉的收藏与投资

一
和田玉的价值

　　"黄金有价玉无价。"从古至今，不论是帝王还是百姓，无不钟爱玉器，喜欢美玉。更有甚者，把玉视为集天、地、人之灵气的神品，终生佩戴，甚至身后还要陪葬。古人认为玉可以祛凶避邪，悦性延年。中国古书说："君子比德于玉"，"君子无故，玉不去身"，可见古人对玉的崇拜和迷恋。这里所指的玉，实际上是经过雕琢的精美玉器。中国人自古就爱玉、藏玉，一般家庭都有收藏的玉或玉器。玉的价值不仅体现在物质价值上，它还体现在百姓的文化和生活中，更是一种境界的延续。玉的价值和玉的文化将长期并存，继续影响人们的文化生活。

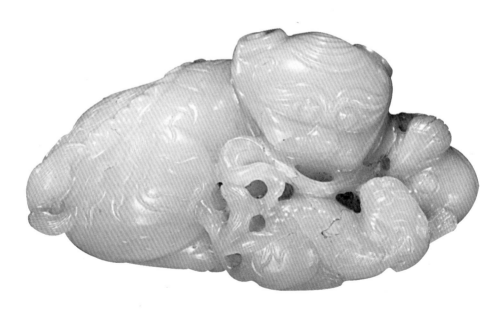

△ **白玉太狮少狮　清中期**

长8.8厘米

据业内人士分析，新疆和田玉无论是投资还是收藏，这几年行情一路看好，市场价格一路攀升，给投资收藏者提供了很好的盈利空间，使投资收藏者的信心倍增。仅从玉石原料的市场收购价格观察，上好的和田羊脂籽料，1千克大约以人民币20万元起价；1千克和田山料白玉大约8万元；青白玉籽料每千克2万～5万元；青玉籽料每千克大约1万元；黄玉目前尤为稀少，价格甚至可以超过上好的和田羊脂籽料；糖玉每千克5000元～8000元；墨玉和碧玉2万～4万元；青花籽料2万～3万元。因为和田羊脂玉越来越少，因此和田玉市场上扬的空间是很大的。

△ 白玉洪福齐天镇纸　清中期
长8厘米

△ 白玉莲藕摆件　清中期
长14厘米

△ 白玉鹅衔枝摆件　清中期

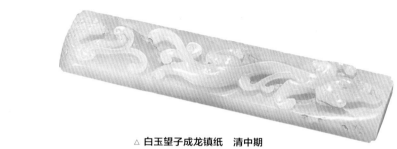

△ 白玉望子成龙镇纸　清中期

长15.7厘米

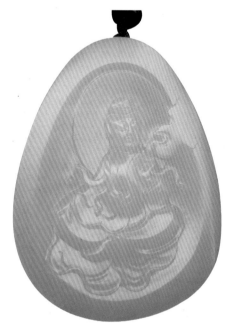

△ 自在观音

　　和田玉收藏市场的上扬发展变
化也是毋庸置疑的，收藏者的鉴赏
水平在玉器拍卖活动中得到不断提
高。为了使玉器收藏保值功能不断
延伸，当前，在玉器收藏市场上也
出现了一些微妙的变化。比如，厚
古玉，薄新玉；重外表而轻里面；
细看材料，粗看工艺；论白论克不
论个等。这些变化是投资和收藏者
要不断关注的。

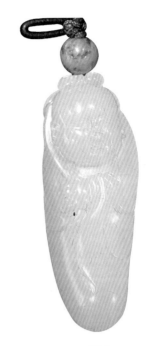

△ **童子**

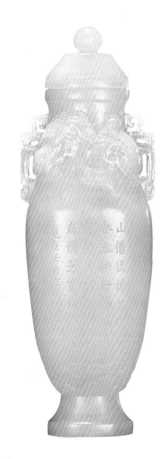

△ **白玉海水螭龙诗文双耳盖瓶　清中期**

高17.8厘米

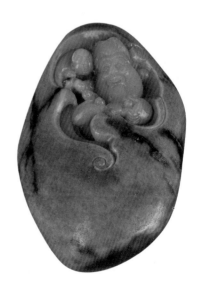

△ **天官赐福**

1 | 艺术价值

和田玉的观赏性高，具有艺术价值。一件和田玉工艺品不但是一种物质美的享受，也是一种精神享受，特别是一件寓意深刻的和田玉工艺品，它代表着人们的思想愿望与感情寄托，也代表着精神的祈求与祝福，是其他工艺品不可替代的。可以说，珍藏和田玉工艺精品是非常理想的投资。

△ **白玉人物戏兽　清中期**

高7.5厘米

△ **白玉洒金童子洗象　清中期**

高7.3厘米

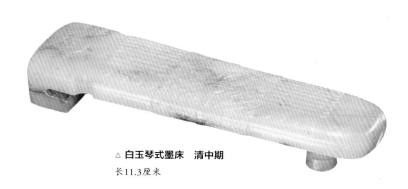

△ **白玉琴式墨床　清中期**

长11.3厘米

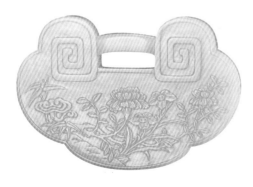

△ 白玉福寿康宁锁　清中期
高9.1厘米

◁ 白玉痕都斯坦双耳衔环盖瓶　清中期
高8.1厘米

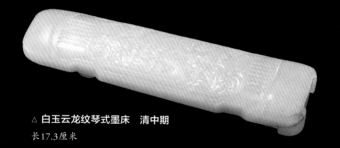

△ 白玉云龙纹琴式墨床　清中期

长17.3厘米

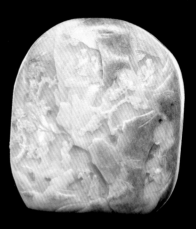

△ 白玉群仙祝寿山子　清中期

高17.5厘米

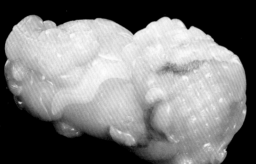

△ 白玉太狮少狮　清中期

长10厘米

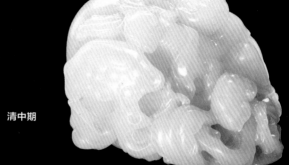

▷ 白玉童子仙桃灵芝摆件　清中期

宽7厘米

2 | 文物价值

　　和田玉易保存。有许多种类的收藏品，如果长期保存会出现霉变、破碎、氧化、老化等问题，而且保存条件非常苛刻。如一幅古画，珍藏它要求湿度、温度、光线、防火、防虫咬等都要符合一定的条件，一不小心珍贵的藏品就会毁掉，万贯家产顷刻化为灰烬，很多收藏家为保护藏品花费不少心血。而收藏和田玉工艺品却可高枕无忧，因为和田玉理化性质稳定，只要不丢失，可以代代相传，不发霉、不变质、不腐烂，小件可以随身佩戴，既可养身又可养性，大件玉器可以摆放于博古架，也可入箱入柜，既不怕虫咬，又不怕老鼠啃，不怕热不怕冷，不怕水浇也不怕火烧，存放久了更增添光彩，升高价值，百年后成了文物，身价倍增，升值空间会越来越大。一些聪明的投资者把和田玉工艺品作为文化艺术品投资的第一选择，既无风险，增值又快，又好保存。

△ 白玉福山寿海龙纹山子　清中期

高16.5厘米

▷ 白玉饕餮纹象耳衔环花觚　清中期
高17.1厘米

△ 白玉高浮雕龙凤纹花觚　清中期
高26厘米

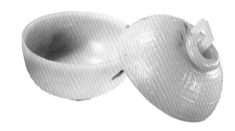

△ 白玉卧蚕纹圆盒　清中期
直径8.3厘米

△ **白玉童子骑马诗文佩** **清中期**
高6.9厘米

▷ **白玉龙纹斧形佩** **清中期**
高12.8厘米

△ **白玉榴开百子佩　清中期**
高6.4厘米

3 ｜ 收藏价值

现在，收藏和田玉工艺品已成为投资理财的一种选择。投资股票、期货、基金风险比较大，因此，投资艺术品的理财方法进入了人们的视野。相比之下，和田玉工艺品是最应让投资人关注的，因为它非常稀有，收藏价值高。

"物以稀为贵"，和田玉不论是山上采的，或是河床阶地上挖的，或是在河中捞的，都会越来越少。和田玉资源不会再生，但随着人们生活水平的提高，市场需求却越来越旺盛，早已达到供不应求的地步。因为和田玉原料越来越少，所以它越来越珍贵，价格逐年上涨。在20世纪90年代中期，1千克的上等白玉只不过几百元，现在1千克的上等白玉可卖出十几万元，特别是河中捞取的羊脂籽玉，在90年代中期每千克不过1000多元，现在每千克可达20万～30万元。和田玉的玉石原料每年以20％的速度上涨，珍藏和田玉工艺品或原料都有极大的升值空间。

△ **白玉长宜子孙诗文佩　清中期**
高9厘米

二
和田玉的价值要素

1 | 质地要素

近年来，对玉器的鉴赏渐渐呈现出重玉料、轻产地的趋势，和田玉的地位不可动摇，但"非和田不看，惟羊脂独尊"的理念已经过时了。虽然大量的外来玉种最初是以仿冒品的身份出现的，但随着人们收藏理念的成熟和对于玉器鉴赏水平的提高，这些外来玉种开始受到越来越多人的关注。

新疆宝协的相关工作人员介绍说，一件玉器到底有没有收藏价值，关键不在于玉料的产地，而在于玉料本身的质地是不是上乘。就拿碧玉来说，俄罗斯碧玉、加拿大碧玉在质量上往往还要强于新疆的碧玉。对于碧玉质地的手镯、珠串等首饰来说，这两类玉料的制品价格并不比新疆的碧玉低。

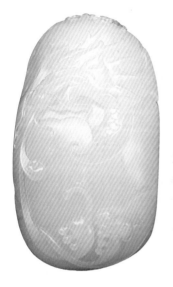

△ 龙腾四海

△ 龙钩

材料是玉器收藏的首要前提，优质玉材对于一件玉器至关重要。目前通常的价格，同等级别的籽玉是山料的6~8倍。在市场或网上，更常见以无皮之山料或俄料，充作和田籽料出售。俄料也属山料且物质成分一样，因出矿地在俄国境内而称俄料，其价格低得多，特性是色白但玉质太水，即是透明感过重，密度和油质感均比不上的正宗和田籽玉料。

△ 龙凤玉壶

△ 龙凤佩

△ 楼台人物山子

2 | 造型要素

　　造型是玉器审美的构架，也是决定玉器收藏价值的一个重要因素。造型是由功能及玉坯形状决定的，其比例权衡要适当。匀称而不呆板、均衡而又稳定的玉器才是美的作品。

　　纹饰是玉器的装饰，它的美丑容易为人们觉察、感受。装饰要看结构、章法、繁简、疏密等处理，结构章法有条不紊、统一和谐才具有鉴赏价值。

△ 白玉花卉蝉纹瓶　清代

高23.5厘米

△ 和田白玉艳黄皮仿古龙凤玉牌

高6.2厘米，宽3.6厘米，重68克

△ 黄玉灵芝纹把杯　清代

长11.5厘米

△ 白玉龙凤纹璋

长15厘米

△ 白玉仿古螭龙纹执壶　清代

高17.5厘米

▷ 白玉雕兽面纹狮钮方盖炉　清代

高22厘米

△ 黄玉卧犬　清代
长8.2厘米

△ 黄玉雕口衔灵芝瑞兽　清代
宽5.5厘米

3 | 工艺要素

　　玉器工艺是由料变为器的技术条件，不易被人真正认识，是鉴赏上的一个难题。凡砣工利落流畅、娴熟精工必然是美的或比较美的，反之，板滞纤弱、拖泥带水，则收藏价值锐减。艺术是每件玉器所追求的最高境界，也是最难做到的。凡气韵生动、形神兼备的都是艺术美的表现；反之，工艺差、艺术低劣者，鉴赏价值就逊色得多了。

　　和田籽玉外表分布的一层褐红色或褐黄色玉皮，因此习惯上称为皮色籽玉，有秋梨、芦花、枣红、黑等颜色。琢玉艺人以各种皮色冠以玉名，如秋梨皮籽、虎皮籽、枣皮红、洒金黄、黑皮籽等。世界上不少玉石都带有此色，但不如和田玉皮色美丽。利用皮色可以制作俏色玉器，自然成趣，称为得宝。

　　和田籽玉色皮的形态各种各样，有的成云朵状，有的为脉状，有的成散点状，而色皮的形成是次生的。假沁色的带皮籽料近年非常多见，沁色多附着于表面。外表没有油分比较干涩，没有水头，需要注意区分。

　　中国有着历史悠久的玉文化，这也是玉石受人们欢迎的一个原因，人们既看重它的收藏价值，也看中它的文化历史。如今，和田玉的饰品琳琅满目，为了满足人们的收藏需求，各种各样的玉雕作品层出不穷，玉雕的工艺水平也在不断提高。

△ 和田原生黄玉弥勒挂坠
高4厘米，宽3厘米，重29克

 三
和田玉价值的判断

　　和田玉收藏火热，但是玉石市场却极为混乱，可以说是琳琅满目，也能用鱼龙混杂形容。对于消费者而言，判断选择什么样的和田玉最有收藏价值并不容易。下面就向大家简单介绍判断和田玉价值的标准。

◁ 和田白玉弥勒挂坠
高4.8厘米，宽2厘米，重21克

△ 和田黄玉籽料雕龙挂坠
高5厘米，宽3.4厘米，重56克

1 | 玉料的优劣

即便同为和田玉，如果玉质差别很大，收藏价值也有天壤之别。尤其国标对于和田玉命名的定义，使得俄罗斯玉、青海玉等非传统的和田玉也可以和田玉之名进入市场，更增加了区别鉴定的困难。玉料以狭义和田玉最有收藏价值，又以其中的籽料价值最高，以颜色论和田白玉收藏价值高，羊脂白玉则是收藏中的极品。在区别玉种之后，对于玉料也要从质地、颜色、透明度、块重、瑕疵、光泽等方面鉴别，玉料是玉器是否有价值的基础条件，玉料不好，玉器雕工再好，也是无源之水、无本之木。

△ 和田黄玉籽料一路莲科挂坠

高6.3厘米，宽3.3厘米，重70克

◁ 和田籽料玉观音　清代

高10厘米

△ 和田玉籽料 清代

长15.5厘米，重3.5千克

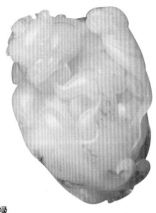

▷ 白玉把件和田俏色籽玉福禄

高5.9厘米，宽4.7厘米，厚4.0厘米，重135.1克

△ 白玉把件和田羊脂魁星点门

高8.5厘米，宽4.9厘米，厚2.1厘米，重142.4克

△ 和田羊脂白玉遇甲连弟手牌

高10.8厘米，宽4.2厘米，重230克

2 | 雕工的好坏

俗话讲，"玉不琢不成器"，玉器既可以发扬玉石天然之美丽，同时也可赋予其人文之美，雕工可以说是第二次赋予了玉石价值。和田玉雕工的鉴赏可从以下三方面着手。

（1）具有特殊工艺的玉器

如果玉雕作品采用镂空、梁链或者薄胎等复杂的工艺，且表现完美，则这类玉器价值会比较高。

（2）拥有俏色的玉器

俏色是和田玉中的一个变量，运用得好，能让俏色成为玉器的亮点，让其价值翻几倍。

◁ 白玉手链和田俏色籽玉手链

10件俏色和田籽玉，重78.9克

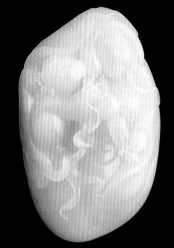

◁ **白玉把件和田俏色籽玉母子情深**

重87.2克

▽ **白玉把件和田俏色羊脂籽玉财神**

高6.5厘米，宽4.0厘米，厚2.5厘米，重109.6克

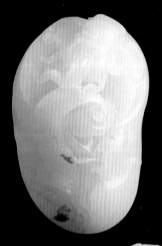

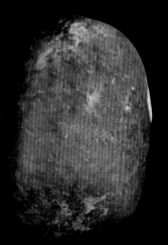

◁ **白玉把件和田红皮籽玉金包银罗汉**

高9.1厘米，宽5.6厘米，厚5.0厘米，重365.3克

△ 龙凤佩

△ 龙

△ 龙凤对牌

（3）大师级作品

　　玉器中大师作品、获奖作品往往更讨人喜爱，因为这些玉器在玉质和雕工上都有保障，且审美价值也毫不逊色，再加上大师的名气效应，以及有限的作品数量，这类玉器往往升值潜力巨大。

四
和田玉的价格走势

1 ｜ 2011—2015年市场走势

由于我国经济的发展以及民众的收入越来越高，和田玉市场不断涌入了更多的资金与藏家，所以，和田玉市场价格一直稳中有升，居高不下。

关于和田玉的价格走势，2005年以前从来没有跌过价，和田玉市场以往每年的上涨比例在5%～10%。但是从2005年开始，这种平稳的格局被打破，以每年高于40%的幅度大涨。业内人士介绍，2008年年底的时候，猛涨的势头缓和了一下，但是一过春节，价格立马又一路向上了。2009年、2010年，这股涨价的势头依然没有缓下来。2011年前三四个月，好的籽料已经涨了50%左右。受此影响，与和田玉相似的俄罗斯料、青海料等也水涨船高。

2013年，和田玉市场取得了骄人的成绩。2015年，从交易的情况来看，和田玉市场与整个收藏市场相对应。就整个收藏市场而言，越来越多的人加入其中，这主要是由于整体经济水平的上涨，人们将理财投资的方式逐渐转移到玉石收藏中；而和田玉作为玉石之王，更是人们关注的热点。

△ 九歌之山鬼

当然我们不禁要问，和田玉价格已稳步上升这么多年，总该有见顶的一天吧？但几乎所有的玉石鉴赏家、玉雕大师和玉石商人都认为，和田玉的升值空间还很大，而且几乎所有的专家都建议投资者收藏顶级好料。

经过这么多分析之后，我们可以预测：在未来的10年左右时间，玉器的价格将达到顶点，之后将进入稳定期，工艺水准越高，保值与升值的空间越大。和田玉市场在市场经济的控制下，在资本运作的影响下，未来5年将在波动中前行，如果不出现大的意外，平均每年升值15%是没有问题的。

从近几年的和田玉市场走势来看，和田玉市场越来越规范，现在的市场逐渐成为高档和田玉的天下，而低档和田玉由于毫无收藏价值，只能作为装饰品，其价格一定是暴跌的。当然，正所谓优胜劣汰，和田玉市场的状况也是由市场机制决定的，在不久的将来，高档和田玉将持续走热，而低档和田玉将越来越没有市场。

△ 和田白玉山水文玩牌

长10厘米，宽2.8厘米，重70.5克

◁ 和田白玉弥勒挂件

长3.2厘米，宽1.9厘米，重18克

2 | 市场分析

玉作为中国传统文化中的重要元素，一直以来都影响和滋养着国人。现代社会，人们依然习惯于身上佩戴一块玉，人养玉、玉养人这样的概念已经深入人心。同时，中国作为一个信奉礼尚往来的国家，把和田玉挂件或者雕刻作为礼品送人，也成为了一种风气。另外，玉石的收藏投资价值也越来越得到收藏爱好者和投资者的认可和青睐。作为中国四大名玉中最为著名，也最受喜爱的和田玉，理所当然地成为了投资收藏或馈赠的绝佳之选。

（1）和田玉市场：10年暴涨1000倍

随着和田玉籽料开采难度的加大，以及对河床保护的需要导致开采量的减少，和田玉的价格一路攀升。而投资者的投机心理，也加速着和田玉的升值。央视经济半小时"疯狂的石头"专题报道称，10年的时间，和田玉的价格暴涨了1000多倍。近年来，人们都是十分看好玉器市场的，而且随着和田玉市场的发展，以及大量的玉矿被限采，未来和田玉依然有比较大的上涨空间，作为玉中之王的和田玉，无疑是收藏投资的上佳选择。

在和田玉市场我们看到一种怪现状，一边是原料紧缺导致和田玉价格疯狂上涨，另一边又见和田玉铺天盖地出现在市场中。这让不少打算购买的消费者产生了疑惑：不是说和田玉稀少、价格昂贵吗？为什么现在市场上的和田玉随处可见，而且还附有鉴定证书？又是什么原因让市场上涌入那么多和田玉？什么样的和田玉又最值得大家购买？

（2）和田玉交易：大量外来玉涌入

据了解，原来市场上大量出现的和田玉中，绝大部分都不是传统概念中的新疆和田玉，而是韩玉、加

△ 关公挂件

△ 富甲一方

拿大碧玉、俄罗斯玉等近年来刚刚进入新疆市场的外来玉种。

目前在新疆市场，用韩玉做镯子已悄然兴起。"这种产自韩国的白玉虽然质地一般，但原料足、价格低，受到了不少小玉石加工厂的青睐。"一位玉石经销商表示，虽然几年前韩玉已零星出现在市场上，但真正大行其道还是近两年，并且以河南为中转，逐步流向北京、广州、济南、上海、扬州、苏州和新疆等地。记者从新疆岩矿宝玉石质检站那里了解到，自2009年至今，在他们鉴定的低价位玉镯中，有将近一半都是韩玉。

不仅如此，俄罗斯玉、阿富汗玉、新西兰玉……目前进入新疆市场的玉石种类五花八门。面对五花八门以和田玉名义出售的和田玉，我们如何能选择出真正适合收藏投资的和田玉呢？

（3）和田玉的收藏和投资前景

和田玉在收藏界，是公认的投资收藏的首选，首先在乎的是它的升值价值，和田玉的升值价值是很高的，在时尚界也是非常受人欢迎的。

纵观近几年的和田玉拍卖市场，虽然和田玉艺术品拍卖与中国书画、古董珍玩等艺术品拍卖相比，在国内起步时间较晚。但越来越多的拍卖公司开始关注和田玉。北京嘉德、北京博观、上海城隍珠宝、杭州西泠，逐渐形成了南北区域拍卖中心。买家从最初基本是行业内买家，且偏重玉料材质而较轻视工艺艺术价值的情况，到后来消费群体逐步扩大，涉及各行各业的玉石雕刻艺术品收藏爱好者，且创意、工艺俱佳的作品价值更加受到买家的认同。

△ 关公

我国目前的和田玉市场大致可以分为以下几类。

商品类。以经营为目的，玉石本身的文化、质地、工艺等价值无关紧要。这一类型的交易目前占了和田玉市场一半以上。

玩品类。这一类型的市场上的参与者基本上是在真正喜欢和田玉的人们，讲究的是品质、雕工、题材。这类和田玉作品占了和田玉交易的三成。

藏品类。一是具有历史价值的和田玉精品；二是目前流行的国内知名大师的作品，例如天工奖、百花奖获奖作品。还有一些稀缺独特的玉石原料等。这类和田玉数量很少，不到和田玉交易总量的一成份额。

对于玉石来讲，国内外至今缺乏能统一操作的通行标准。不能像钻石一样，采用国际普遍通行的4C标准来决定其价格。因此在市场上，大体同类质量的玉石或饰品，其价位却往往差别很大，很难掌握。和田玉原料的价值影响因素很繁杂，再加上和田玉蕴含的文化对价值的影响就更难把握了，这就是"黄金有价玉无价"的缘由。

决定和田玉玉器价值的因素众多，主要包括和田玉原料的品质、产地，和田玉玉器的设计、加工工艺，以及市场垄断、名家效应、社会环境、市场需求、品牌价值、稀有性等方面。

和田玉确实值得收藏，但是我们在投资的时候也要理性对待。因为玉石属于流动性比较差的投资品种，一般都是玩友通过私人渠道转让或者拍卖。投资者如果没有交流圈子，又需要紧急套现，脱手会成为一大难题，很可能导致得不偿失。如果你有很多资金，并计划长线投资，那么仍可以介入，哪怕现在是价格高位。但如果说本身资金不太多，最好不要盲目跟风。

◁ 府上有龙

第四章

和田玉的鉴别

一
和田玉的常用
鉴别方式

　　关于和田玉的鉴别方法，历来是收藏投资者和玉石爱好者的关注要点。一般情况下，鉴别和田玉有三种基本方法：第一种是用大型仪器来分析；第二种是用常规仪器来分析；第三种是用普通放大镜来识别。这三种方法中最常用的是第三种方法，因为这种方法简便易行。

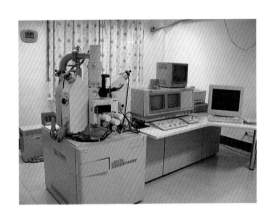

△ 电子探针

1 | 大型仪器分析

　　这里所讲的大型仪器是电子探针、X射线衍射仪、红外线光谱仪、控量光谱仪等。随着科学技术的迅速发展，还有更为先进的仪器被运用在玉石鉴别上。使用大型仪器，其准确性十分高，但测试费用也较高，不是普通收藏爱好者所能承担的。

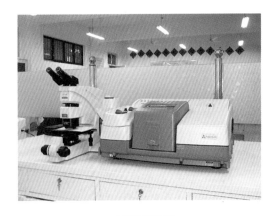

△ 红外线光谱仪

△ 分光镜

2 | 常规仪器分析

　　这里所指的常规仪器是相对大型仪器而言的。鉴定玉石时，可以使用的常规仪器有：折射仪、分光镜、偏光仪、查尔斯滤色镜、荧光仪、比重天平等。用以上常规仪器鉴定玉石，准确性是十分稳定的。

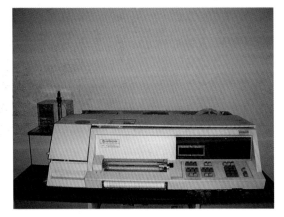

△ 荧光仪

△ 查尔斯滤色镜

3 | 普通放大镜鉴别

在日常生活中，常用放大镜为生活提供便利条件。而用10倍以上的放大镜来识别玉石有其特殊的作用。用10倍或20倍以上的放大镜识别玉石，可以检查和观察到玉石表面的擦伤、玉石解理（裂纹）、玉石断口、玉石内部的瑕疵、颜色的对比度、玉石的结构、玉石的包裹体、矿物组成、琢磨加工工艺、纹饰、加工质量等。

△ 放大镜

△ 守护

二
和田玉的民间鉴别

　　和田玉的鉴别方法在民间是很多的，叫法也各不相同，但基本方法大致相同。在这里推荐其中五种实用而简便的鉴别方法。

1 | 清水鉴别方法

　　将一滴水滴在玉上，如成露珠状久不散开，视为上乘玉质；反之，水滴在上面很快消失的是玉质很差的玉料。因为，玉料质地致密，不易吸水；石头则结构疏松，容易吸水。

2 | 用手触摸法

　　拿上玉用手掂一掂，玉有下坠感，因为玉质地密度大。同样大的玉和石头相比，玉就显得比较重。若是上乘玉质用手摸一摸或用面颊擦拭一下，会有冰凉润滑之感。石头就没有冰凉之感。

△ 双喜临门

△ 山水人物牌

△ 数钱（鼠钱）

3 | 透视法

在没有经验的情况下，把玉对着光亮处，如阳光、灯光，也可以用手电筒的光，细看玉，如果玉石颜色剔透、透色分布均匀，基本上可以断定是真玉。

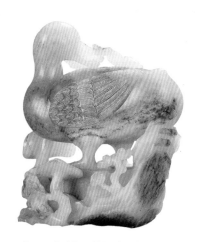

△ 白玉留皮鸭衔灵芝摆件　清乾隆

高13厘米

△ 白玉出戟花觚　清乾隆

高24厘米

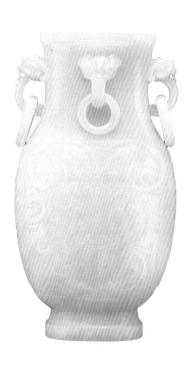

△ 白玉饕餮纹铺首衔环瓶　清乾隆

高20.4厘米

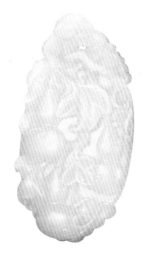

△ 白玉葫芦万代喜字牌　清乾隆

长6.5厘米

◁ 玉菊花龙玉兰花形花插　明代

高18厘米

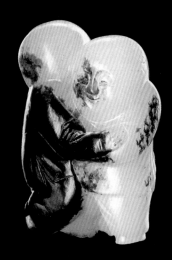

△ 白玉留皮童子　明代

高4.2厘米

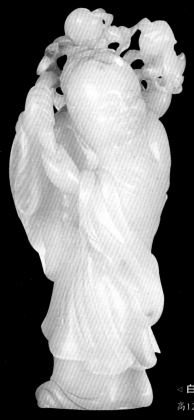

4 ｜ 舌舔法

　　用舌尖舔一舔玉，玉有涩涩的
感觉，而石头则没有涩的感觉。

◁ 白玉东方朔像　清乾隆

高12厘米

△ 白玉陶渊明像　清乾隆

高15厘米

5 | 放大镜观看法

用放大镜观看玉，主要是发现玉有无裂痕，无裂痕者为上乘优质玉，有裂痕者为次质玉。即使是玉，有裂痕的其市场价格也会大打折扣。裂痕越多越明显，其价值越低。

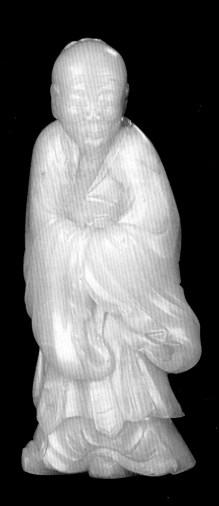

▷ 白玉高士像　清乾隆

高15厘米

三
和田玉优劣的
鉴别

和田玉优劣的鉴别，可以从形、色、质地、绺裂、杂质、玉质分布的均匀性等方面进行。

1 | 形状

就玉料的一般规律而言，从形状上看，籽料品质最优，山流水略低于籽玉，山料品质又低于山流水，具体情况还要结合其他因素具体判断。玉料形状的鉴别主要是看外表的质地，如玉料凹洼处的质地和颜色，看其外表也可推敲出内部的构成，一般来说，外表与内部的质地和颜色相差不大。

△ 白玉雕灵鹿献寿纹镇纸　明晚期

长9厘米

△ 黄玉卧犬　清中期

长8.6厘米

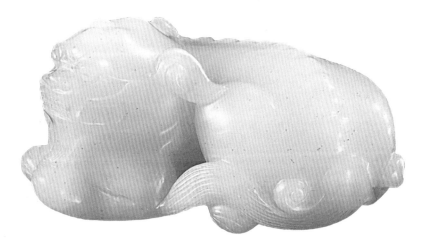

△ 白玉洒金瑞兽　清中期

长6.3厘米

△ 白玉兽面纹双耳衔环狮钮三足炉　清中期

高13.6厘米

△ 白玉如意纹盖碗　清中期

直径9.5厘米

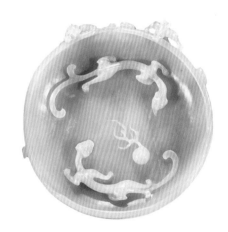

△ 青白玉螭龙纹水洗　清中期

直径16厘米

◁ 黄玉瑞兽　清中期

长6.7厘米

2 | 色泽

　　和田玉以白、青、黄、墨、碧为主流颜色，其中以白色为最优，白色玉中以羊脂白玉为优中之最。糖色和黑色是杂色，但不是脏色。

△ **青玉佛像带佛龛　清代**

高11厘米

◁ 白玉兽足炉　清中期

宽17.7厘米

▷ 白玉凤纹活环奁　清中期

高12厘米

△ 黑白玉牛生麒麟　清中期

宽4厘米

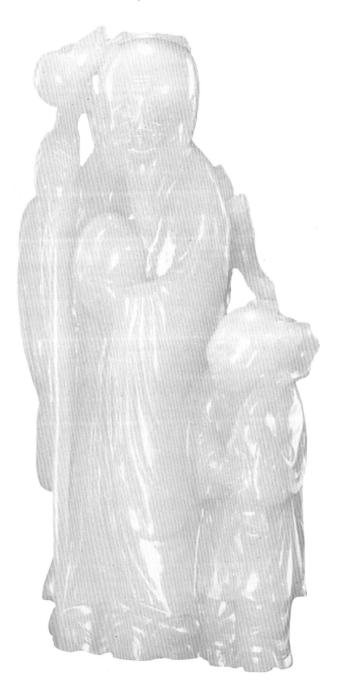

△ 白玉寿星童子摆件　清代

高13厘米

△ 青玉狮子　清代

长12.1厘米

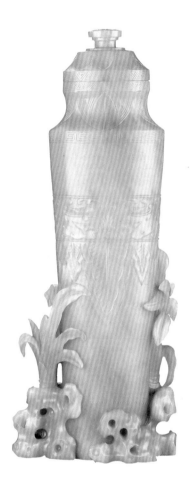

△ 青白玉蕉后兽面纹瓶　清代

高30.5厘米，宽12厘米

△ 白玉浮雕人物龙纹斧形佩　清代

高8.5厘米

△ **黄玉龙凤尊　清代**
高16厘米

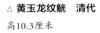
△ **黄玉龙纹觥　清代**
高10.3厘米

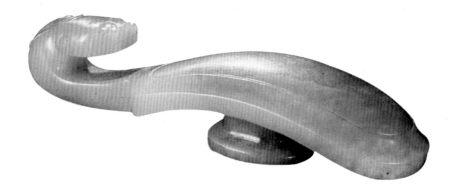

△ 黄玉龙带钩　清代

高8.5厘米

▷ 黄玉鼎　清代

高16厘米

△ 童子拜观音

△ 旺财

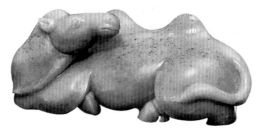

△ 灰玉骆驼摆件　清代

长20.6厘米

▷ 白玉鹿　清代

长5厘米

3 | 质地

　　玉行的业内人士习惯从"坑、形、皮、性"来判断玉料的质地。坑是指玉的产地，形是指玉的外形，皮是指玉的表面特征，性是指玉的结理构造。

　　坑、形、皮、性虽然是感观经验，但它反映了人们认识玉的过程。玉结构细腻，给人以温润的感觉，这是玉的一般通性，是鉴别玉和石的主要依据。

　　人的眼睛是识别和对比玉石优劣的衡量标准。人的眼睛观察玉有几种现象值得注意。对业内人士称之为阴、灵、油、嫩、灰、干、僵、瓷、松、面、暴性的现象要多加注意。

　　"阴"是指玉的一部分或全部呈现阴暗的色调。

　　"油"是指玉的非凝脂的油性感觉。

　　"嫩"是指玉的透明度不大，有娇嫩的感觉。

　　"灰"是指玉的色不正。

　　"干"是指玉不透彻、不温润。

　　"僵"是指玉不透彻、不温润，有石的感觉。

　　"瓷"是指玉犹如陶瓷的质地。

　　"松"是指玉的结构不紧凑。

　　"面"是指玉的质地比较松。

　　"暴性"是指玉在制作过程中易起鳞片。

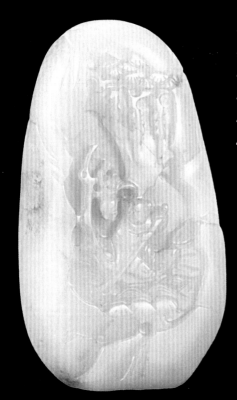

◁ **青白玉童子乘槎诗文山子　清代**
高10厘米

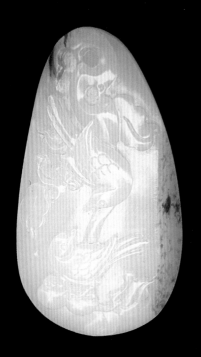

△ 喜登连科

△ 喜报三元

4 | 绺裂

　　玉的绺裂一般可分为死绺裂和活绺裂两大类。

　　死绺裂是明显的绺裂，它包括碰头绺、抱洼绺、胎绺和碎绺。碰头绺是指在堵头和软面呈现出的绺。抱洼绺是指常在软面出现的边缘部分浅、中间深的绺。胎绺又名窝心绺，是在玉的内部出现的绺。碎绺是指玉石各种可见的绺裂。

　　活绺裂是细小的绺裂，它包括指甲缝、火伤性、细牛毛性和星散鳞片性。指甲缝是指指甲抠出来的形状绺，呈月牙形，点迹，分布于表面上，侵入内部者不多。火伤性是指表皮甚至内部均呈现出鱼鳞状绺。细牛毛性和星散鳞片性是指玉石多呈方向一致的细微解理状，隐约可见。

　　对于明显的绺裂如同对瑕疵一样，尽量去掉，死绺好去，活绺难除。

5 | 杂质

　　玉的杂质主要是指石，除此之外还表现在质地不均匀等方面。

　　玉有死石和活石的区别。死石即表现在局部或呈带状，活石是指玉上面的界线不清的散点。

△ 俏雕连年有余

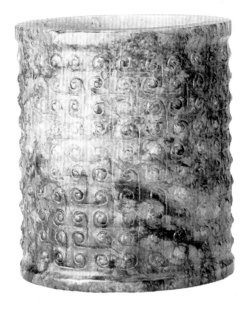

△ 灰白玉琮　明代

高6.3厘米

△ 俏雕关公

△ 牵挂

6 | 玉质

在一块玉中，往往有的地方质地好，有的地方质地差，这种现象被称为玉有阴阳面。玉的阴阳面实际上是玉在形成过程中围岩对它的影响。

阳面是指玉质好的一端，也叫堵头、顶面。

阴面是指玉质次的一端，属于接触围岩的部分，多有串石。

阴阳面在山料和山流水中表现明显，在籽玉料中则不太突出。

△ 屏风

四
和田籽玉的辨别

可通过形、皮、色、手感、声、质等来综合鉴定评估籽玉。

1 | 看形

和田籽玉多呈卵石状，这是在长期风化、泥石流、河水冲刷、搬运等外力作用下逐渐形成的。

籽玉形状自然、完整、饱满、浑然一体，无须雕琢就是一件天然艺术精品。若保形随形雕琢，既能显示出原玉自然之韵味，又能凸显雕刻之精美，那更是锦上添花之佳作。

但要注意识别假籽玉。制假者把山料投入滚筒机滚磨，滚磨出状如卵形的假籽玉，当真籽玉卖，甚至还染上各种颜色，以假充真，以次充好。市场上称其为"磨光子"或"滚料"。仔细辨认，可发现有滚磨过的痕印，表面形成的凹凸坑点也极不自然。

△ 白玉留皮瓜瓞绵绵坠　清中期

长7厘米

△ **白玉兽面凤耳盖瓶　清中期**

高20.3厘米

△ **白玉刻龙纹圭　清中期**

长18.8厘米

◁ **白玉福寿双全蝠耳洗　清中期**

宽18.8厘米

▷ **白玉雕金蟾纹镇纸　清早期**

长8厘米

2 | 看皮

籽玉在风化及水的作用下，表层会产生一定的氧化反应，并形成一色或多彩的色皮。可通过对玉皮的目鉴，辨别是否是籽玉。在逆光或侧光下，玉面显示凹凸不平的细小坑点，称为"气眼""石眼"，可断定为籽玉，石眼越细小，越均匀，越是好籽玉。如玉体表面，也就是玉皮上的坑点大，而且比较粗糙，玉质就不够细腻，属于一般籽玉。

△ 白玉留皮喜上眉梢坠　清中期

长3.5厘米

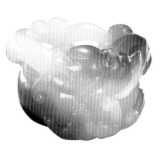

△ 白玉留皮子辰扳指　清中期

直径3.7厘米

△ 白玉雕人物山子　清中期

高10厘米

△ 白玉雕人物山子　清中期

高10厘米

△ 白玉福寿如意诗文牌　清中期

高5.6厘米

3 | 看色

如是白玉，色白质净，温润养眼。如是带色玉，要看是否从里向外飘溢。有由里透外之感，自然顺畅，为真色。同时还要看色彩的方向、比例、色度、节奏和韵律。

籽玉皮色有红、褐、黄、绿、黑等多种颜色，民间还形象地把这些具有不同色皮的籽玉称为洒金皮、乌金皮、秋梨皮、虎皮、枣红皮等。若一块籽玉上有三种以上的颜色，就非常名贵。有"家藏三色玉，胜过万两金"之说。

籽玉色皮形状众多，有点、线状，有几何形，还有象形图案，可谓千姿百态，美轮美奂。但要注意识别人工染色籽玉，其关键是人造色附于玉表面，色彩不自然，均匀无过渡关系。

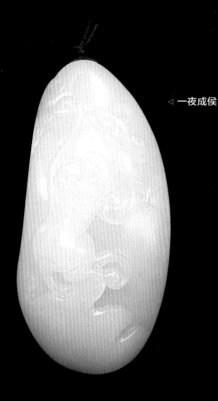

◁ 一夜成侯

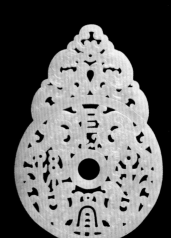

△ 白玉镂雕长宜子孙出沿
双夔首玉璧佩件　清乾隆
长11.2厘米

△ 白玉击鼓童子　清中期
长5.5厘米

△ **白玉洗桐图山子 清中期**

高24.5厘米

4 | 手感

　　手感有三：一是手感沉重，显得有分量；二是有一种油脂滑润、触摸丝绸的感觉；三是用手试温度，籽料握在手，由凉逐渐变热，持续时间较长，这叫热得慢；不用手握，将玉放在木桌上观察，玉料由热逐渐变凉，仍然持续时间较长，这叫凉得也慢。这种热得慢，凉得也慢的现象，从科学上分析是由于籽玉质地结构紧密、坚韧，对热能包括光能的吸收很慢造成的，是对冷热变化的一种惰性表现。

▷ **白玉连年有余荷叶洗 清中期**

长22.5厘米

▷ 白玉洒金童子献寿荷叶洗　清中期

长12.3厘米

▷ 白玉花卉折沿洗　清中期

直径14.1厘米

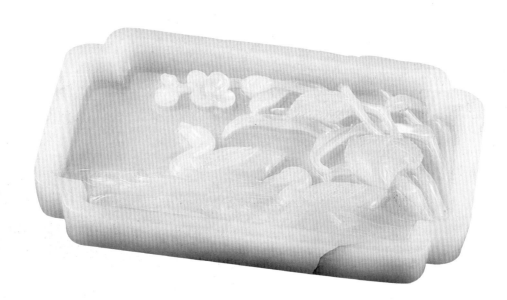

△ 白玉鸳鸯戏水倭角长方洗　清中期

长12.3厘米

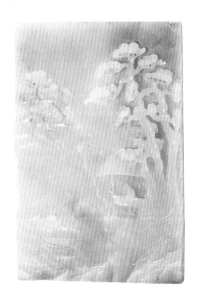

△ 白玉山水人物诗文插屏　清中期

高15.3厘米，宽10.2厘米

△ 白玉梅花诗文笔筒　清中期

高8.2厘米

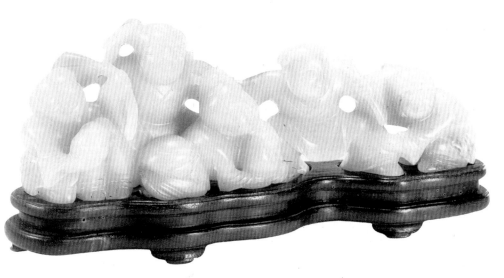

△ 白玉五子登科笔架　清代

长15.7厘米

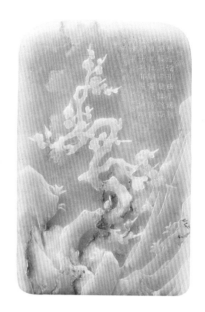

高17.8厘米，宽11.4厘米

5 ┃ 听声

用轻巧之金属物，轻轻弹击，若发出编磬清脆、悠长悦耳的声音，为和田籽玉。若声音轻洁或沉闷嘶哑，往往为其他玉种。

△ 白玉兽面纹长方洗　清中期
长13.5厘米

6 | 看质

通过肉眼在自然光下或在灯光下观察，以色泽匀净，凝练如脂，细腻温润，白度好为标准。结构越紧密越细腻，色泽越匀净，白度越纯净，俗称"一口气"之，为上品。棉毡状交织体结构中出现棉花状，色泽不匀净，具有一定白度，品质次之。此外，在鉴别其他色彩的籽料，如黄、碧、青、青白、墨等籽玉时，以上方法也基本适用。对籽玉雕刻件鉴别时，也要注意看皮，一般为证实雕件为籽料，往往在作品上都留有一小块皮色。更重要的是看质地，通过光源或水中观察其质地是否细腻，结构是否紧密，光泽是否滋润、柔和等，从而作出判断。凡是质地细腻致密，结构紧密，微透明，呈现油脂光泽就是好籽玉或较好籽玉。

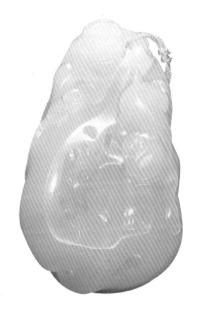

△ 和田白玉籽料代代封侯

高5.7厘米，宽3厘米，重52.2克

△ 白玉雕岁岁平安佩　清中期

长4.3厘米

▷ 白玉刻莲花纹盖罐　清中期
宽9厘米

◁ 御制白玉留皮巧雕龙凤盖瓶　清中期
高18厘米

△ 和田青白玉籽料龙首双环如意瓶

高16.5厘米，重475克

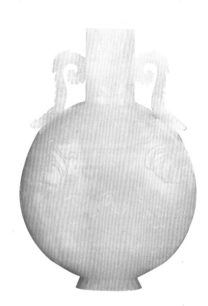

△ 白玉云蝠花卉耳扁瓶　清中期

高20厘米

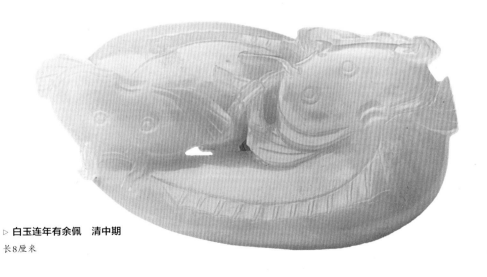

▷ 白玉连年有余佩　清中期

长8厘米

第五章

和田玉的购买

一
和田玉收藏的误区

目前和田玉交易市场上出现了鱼目混珠的仿品、伪品，更有一些假专家、行骗者信口雌黄编造故事，不仅使和田玉爱好者、收藏者步入误区深受其害，而且也使和田玉收藏、鉴赏事业的正常发展受到一定的影响。所以，我们在投资选择和田玉的时候，不但要懂得选择，还要搞清楚和田玉的一些收藏误区，笔者依据多年经验特别总结出以下几种常见的误区，望广大和田玉的爱好者能多加注意。

1 | 重产地，轻玉料

很多人以为到了和田玉的原产地就一定能买到正宗的和田玉，其实不然。因为价格相差明显，在一些正宗玉料的产地，不法商人经常出售结构极为相近、类似本地玉料制作的玉器以牟取暴利。而人们也往往相信千里迢迢跑到新疆当地购买的玉器和玉料，一定是产自本地的玉石。如在新疆，人们经常买到用和田玉的近亲——俄罗斯白玉、青海白玉制作的工艺品，而后大呼上当，原因是买家是以真正新疆本地产和田玉的价格成交的。因为二者与和田玉有着结构和成分相似相近的特点，一般人在外观上难以区分。不少人甚至买了白东陵玉器，到青海买到的是白色的佤佤石而不是青海玉料。也就是说，到了原产地买到的不一定都是产自本地的和田玉，和田玉也有不少"近亲"。这就需要收藏者做好功课，慎重选择。

△ 和田白玉财神挂坠

高4.7厘米，宽3.8厘米，重61克

2 | 重籽料，轻山料

籽料也被称为籽玉或璞玉，最广义的说法是指从昆仑山原生矿风化剥落的山料、山流水料，经冰雪山洪亿年的冲刷磨蚀而形成的一种卵状次生的和田玉。山料则是产自昆仑山的原生矿料，籽料是由山料演变而来，打个形象的比喻，"山料是籽料的妈妈"，山料与籽料在外观上区别明显，后者光滑，前者棱角分明。山料变成籽料是由于受到地震、地壳变化等自然因素变化，和田玉的原生矿料（山料）从山上滚落下来，受到水的冲刷并搬运几百上千千米，质地疏松的棱角已被磨光。

严格意义上来讲，籽料要好于山料，由于受到水的冲刷、搬运至几百上千千米，质地疏松、密度不好的边角已被抹去，留下的都是精华部分，河水就是搬运、打磨的工具。

近些年来，和田玉籽料一直都很抢手，一部分热钱也涌向了和田玉投资收藏市场，导致和田玉价格居高不下。当然，这只是导致和田玉价格过高的一个原因；籽料本来就少，加之近几年的私采滥挖，政府从保护环境的角度出发，明令禁止过度开采等行为导致籽料产量进一步降低；还有开采成本的增加等原因。和田玉价格的一路飙升，促使不法商家直接购买山料用现代化手段加工成籽料，在且末专门有人收购块形好的上等白玉山料，直接运至和田、哈密、喀什等地，用于加工籽料。有些内地去新疆的商人，明明知道是人为加工的籽料，但在利益的驱使下还是不惜重金买下，因为这样的原石运至北京、上海、苏州、广州等地，身价要翻几倍甚至十几倍。这算是好的，最起码是新疆产的和田玉，要是买上其他类似玉石的石头加工成的籽料就更加得不偿失了。

△ **和田青花籽料五子连财**
高5.0厘米，宽3.0厘米，重33克

籽料价格昂贵、资源匮乏且真假难辨，动辄就要几万、数十上百万，稍不留神就会上当，令普通收藏者望而却步。一些先知先觉的投资者开始盯准了高品质的和田玉山料，高品质的和田玉山料所雕出的成品可与籽料媲美，无论是油性、密度，还是硬度，与籽料相比都不相上下，而价格要比籽料便宜很多。天珂堂和田玉常年现货供应和田玉山料原石，已成为国内最大的和田玉山料原石供应商之一，常年与玉器厂、玉器作坊打交道的郭先生坦言："与其收藏品质一般的籽料，不如多收藏几块高品质的和田玉山料。"

无论是和田玉山料还是籽料，都是大自然的恩赐，都应珍惜才对。

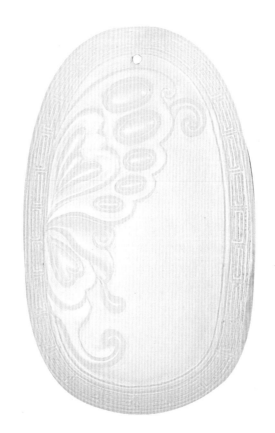

△ **和田白玉籽料蝶舞**

高5.6厘米，重23克

△ **和田白玉印刻玉骨牌**

高9.5厘米，宽3.7厘米，重87克

3 | 慕名气，不识工艺

人们一般相信到某个知名的琢玉地，买到的就是这里工艺的玉器，这是仰慕好工使然，无可厚非。以苏州为例，苏工天下有名，尤其是小件玉饰，但因为苏州玉器加工业发达，技术交流频繁，反倒造成在苏州当地出售的玉器鱼龙混杂。以工匠为例，既有土生土长、从小在玉器厂学艺的传统派，又有曾经在北京、上海等地专业单位打过工的巧手，更多的则是新疆、河南、安徽自带工人来苏州的艺人。因为师傅的不同，工艺的不同，他们的产品被观前街或文庙的商铺采购后出售，自然工艺优劣不等，玉器良莠杂呈。再以新疆为例，有相当一部分成品却是在南阳雕的。有志于收藏者，应熟悉各地工艺的特点，方能得心应手。

▷ **和田白玉龙牌**

高6厘米，宽3.3厘米，重50克

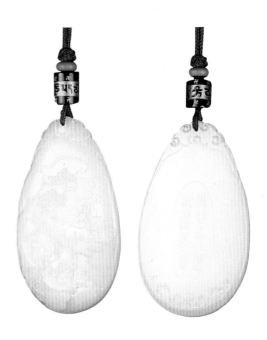

△ 和田白玉福禄寿文玩牌

高9.5厘米，宽4.7厘米，重127克

△ 和田原生黄玉弥勒挂坠

高4厘米，宽3厘米，重29克

4 ｜ 只论规矩工整，不识机制手工

随着电脑雕刻、机械喷砂、超声波压型、电火花切割技术的广泛应用，工艺稳定、批量生产、时间短暂、滚筒抛光封蜡后即出成品的玉器大量涌向各地市场。因成本较低，特别适合做纪念、庆典性质的玉器，受到多数纪念、庆典、颁奖、福利之类活动组织单位的青睐。如果爱玉者只是选购一两件自佩或赏玩，自无不可；但收藏者以获利为目的，对机械制造的玉器则应慎重。因为千篇一律，已不是传统的工艺，增值的空间肯定不大。另外藏家需注意的是，一件玉器利用现代技术成型后再施手工，略加修改，留点雕琢的痕迹，完全可以乱人耳目，需要多注意。

◁ 和田白玉山水文玩牌

高7厘米，宽2.6厘米，重46.5克

▷ 和田白玉岁寒三友牌

高6厘米，宽4厘米，重44克

5 ｜ 重皮而不重质

　　玉器做假皮由来已久，但像翡翠的假皮由于年代长、传播广，已很难蒙混有经验者。值得注意的是软玉类的假皮有愈演愈烈的趋势。现代工艺做的假皮，当然不是为了追求"古风古韵"，而是冒充籽料赚取巨额差价。目前全国不少地方的古玩、玉器市场多处见到假红皮浅雕件。一些收藏者对此不加留心，只重皮色不重肉质，往往买了假皮籽料却浑然不觉，耗费钱财，上当受骗。

△ 步步高升

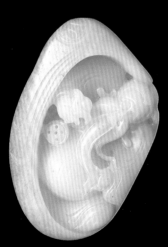

△ 财神把件

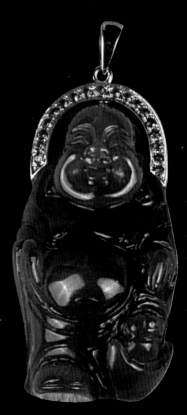

△ 碧玉佛

6 ｜ 只买和田白玉，不买其他白玉

　　随着市场上籽好、工好、能玩，包括"开门"
的和田白玉越来越少，一部分收藏爱好者陷入迷
茫。他们一味崇尚和田白玉，而对白玉同宗的青白
玉、青玉和碧玉则不屑一顾，认为这些玉的档次不
高。这种想法其实并不对。

　　和田软玉品质的好坏关键在于质地的润、糯、
油。和田白玉与糖白玉、青白玉、青玉、碧玉系出
同门，主要矿物成分无大的区别，色泽只代表了玉
的一个方面。色如晴空、色如绿水、色如红糖且质
地温润、工艺精良的糖白玉、青白玉、青玉、碧玉
同惹人喜爱。在和田白玉资源匮乏、原料紧缺的今
天，好的糖白玉、青白玉、青玉、碧玉山料同样具
有收藏价值。何况这些玉料也一样面临资源枯竭的
局面，资源性升值的空间不亚于和田白玉。

　　其实，在故宫博物院收藏的乾隆把玩吟咏过的
玉器中，青白玉、青玉占了很大一部分，有陈设
器、礼器、文玩等，甚至大部分玉玺也是青玉制成
的。这些玉器的价值不可估量。

　　因此，作为一位成熟的玉器收藏投资者，对玉
器的鉴赏应从多方面、多角度考虑，综合评价。白
玉珍贵，青玉、碧玉、青白玉也值得赏玩。

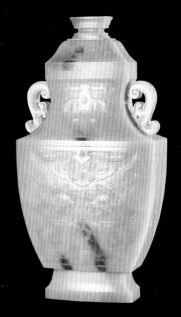

△ **白玉饕餮纹双耳扁瓶　清乾隆**
高30.8厘米

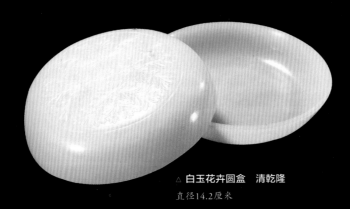

△ **白玉花卉圆盒　清乾隆**
直径14.2厘米

△ 白玉嵌百宝花鸟如意　清乾隆

长43.5厘米

◁ 白玉菊花纹盖盒　清乾隆

直径14.2厘米

▷ 白玉雕年年有余纹挂件　清乾隆

长7.5厘米

　　和田籽玉雕成，玉质温润无比，洁白无瑕。圆雕鲶鱼摆尾游弋，鲶鱼体长形，颈部平扁，圆脸阔口，唇边有须，浮雕鱼眼，利用金黄玉皮巧雕而成，炯炯有神。鲶鱼体态俊美，须子细长飘逸，此件雕琢细腻生动，游动姿态灵动优美，鲶与"年"谐音，表达年年有余的美好祝愿。

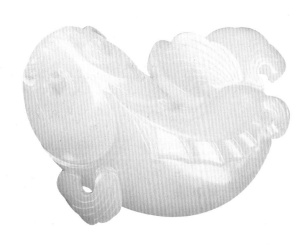

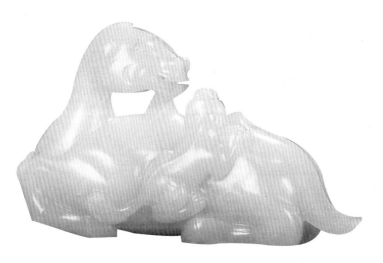

◁ **白玉雕瑞兽纹摆件　清乾隆**
长12厘米

▷ **白玉英雄摆件　清乾隆**
长5.8厘米

▷ **白玉二龙戏珠椭圆形洗　清乾隆**
长13.5厘米

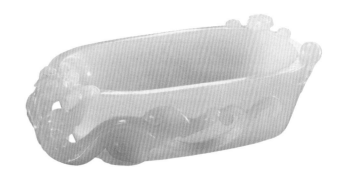

◁ **白玉福寿双联洗　清乾隆**
长20厘米

▷ **白玉雕双龙赶珠纹双耳瓶　清乾隆**
高13.5厘米

　　此件玉瓶以整块和田白玉为材雕琢而成，质地细腻，造型方口深腹，下敛承圈足，瓶身两侧出双耳为柄，琢双龙盘旋其上，龙首高昂相对，作抢珠状，龙须舒展，龙身穿于其间，身形矫健，与器身海浪纹相呼应，大有倒海翻江之势。

▷ **白玉雕吉庆有余纹水盂　清乾隆**

长9.8厘米

　　此水盂用整块和田白玉制成，莹润细腻，质若凝脂。器呈桃形，口沿内敛，下承三足，足作蝙蝠状，与两侧双耳之蝙蝠合围于桃形洗之侧，以为五福捧寿之意。口沿浮雕一磬，与喜字绶带相系，垂于外壁，贯穿前后。

◁ **白玉雕松山访友纹山子　清乾隆**

长22厘米

　　此玉山子为乾隆时期苏作的代表典范，其工艺繁杂，雕刻精湛，将传统圆雕、镂雕及阴刻等各种工艺结合运用，勾画出一幅其乐融融的生活景象。

▷ **白玉雕佛莲纹太平有象　清乾隆**

长17厘米

　　此玉象以整块和田白玉为材，玉质莹润，包浆温润古朴，稳重大气。象站立式，牙前伸，鼻卷曲于一侧，双耳如扇，四肢若柱，身配璎珞，背负象毯，上琢佛莲纹，贵重典雅、肃穆庄严。

7 | 重古不重今

　　目前和田玉的收藏投资市场上，有一种十分重视古玉特别是清代玉器的趋势，甚至认为古玉比今玉的价值要高得多。

　　对此，天珂堂和田玉郭先生表示，上代的玉器，因为具有其历史价值、文化价值、研究价值，所以上百年来一直是人们追捧的对象，也是玉器收藏品种的佼佼者，这本无可厚非。但他认为，玉器的价值衡量在很大程度上是重料、重工，历史长短虽然也是收藏价值的一个因素，但相比料和工来说，是在次要位置。

△ 白玉衔灵芝瑞兽　清乾隆

长5.5厘米

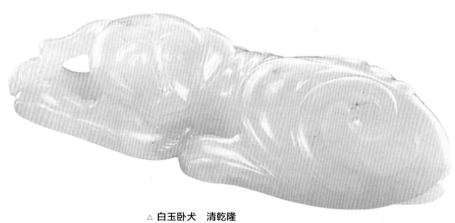

△ 白玉卧犬　清乾隆

长7.8厘米

　　一块上乘的原料是很难寻觅到的，而一个雕琢大师也是千里选一才产生的，二者的结合造就了完美，也产生了价值。玉器与某些艺术品有所不同，在玉器的价值中原料占很大因素，某些艺术品则是原料价值低艺术附加值高。因此，对玉器而言万万不可认为是古的就值钱，好料好工、具有代表性、具有历史价值、研究价值的古玉器真值钱，反之真不值钱。

▷ 白玉衔灵芝瑞兽　清乾隆
长5.5厘米

△ 白玉寿星童子牌　清乾隆
长6.3厘米

△ 白玉留皮衔灵芝莲花瑞兽　清乾隆

长5.8厘米

△ 白玉童子牧牛摆件　清乾隆

宽11.3厘米

清代的和田玉雕件无论大小80%是青白玉，而且很多雕件因为惜料不敢取舍，所以带裂绺、带瑕疵，就材施艺影响了造型美观，又因为科技不发达、开采条件艰辛、运输困难等原因，在清代每年进贡的玉料中和田羊脂白玉寥寥无几，大部分是青白玉。

从雕琢技术上看，当今从设计理念、加工设备、雕琢技艺远远超过前人，目前国家收藏的国宝玉器无论是从原料使用、艺术设计、雕琢工艺方面，哪一方面都是前人无法达到的。就是每年"天工杯"得奖作品每一件也都可以与前人比美，件件都是精品、珍品。因此，当代和田玉精品无论是艺术性、工艺性，还是原料的质量都具备收藏、鉴赏、增值、保值的功能，也代表了中国玉器发展史第四个高潮的最高水平。

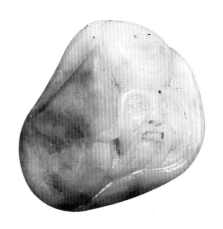

△ 寿星

△ 白玉胡人扬扬得意摆件　清乾隆

高5.8厘米

△ 黄玉一鸣惊人

二
和田玉的购买渠道

1 | 产地渠道

要购买和田玉，可通过产地渠道，即到产地市场进行购买。产地市场也称为原料市场，是和田玉最初级的市场，这个市场主要包括玉龙喀什河和喀什河中的采玉人（人工或机械），以及分布在新疆境内昆仑山和阿尔金山的大大小小的玉石矿。这个市场的交易场所主要是自发形成于产地的玉石巴扎，以及各玉石矿的仓库。

这个市场的准入条件，说低了，一个人凭借力气就可以到玉龙河边碰碰运气；说高了，得投入几万元、几十万元的资金才能得到；而开玉石矿要有雄厚的资金，一般也得有几百万元的资金才能开得起一个玉矿，能不能收回投资还是一个未知数。

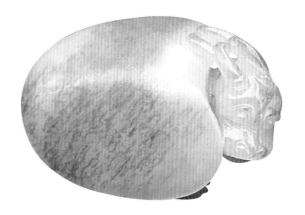

△ 黄沁龙龟

这个市场是这个市场链条中最艰辛的一群人，也是人数最多的一群人。数以万计的玉石开采者，他们往往要投入很大的生产成本和时间成本后，才能得到回报。但在整个和田玉市场链条中，他们获利最少。这个市场最大的特点是流动性大，赝品量多。

2 | 文物商店渠道

购买和田玉，还可以通过文物商店渠道，即门店市场。

门店市场又称商品市场，这个市场的经营者一般都有一个固定的经营场所，这些商店多是几十上百家集中在一起，组成交易市场。在和田市主要分布在军分区两旁的沿街门面，在乌鲁木齐主要集中在商业繁华区。与产地市场相比，这个交易市场中的赝品数量虽然要少一些，但利润惊人。这个市场的特点可以归纳为两点：即交易成本高，道德风险大。

这个市场是目前国内和田玉交易、流通和交易量最大的一个市场，是国内和田玉市场的主力。市场中的原料来自于产地市场，而玉器则是来自各地的玉器雕刻厂，资源对这个市场的发展有着巨大的影响，有无货品与货品的优劣都会影响这个市场的好坏。买卖是双方的，一方面要有货，另一方面要有买家（消费者）。他们从产地市场中购进玉石，他们是买家；根据市场等级或转手次数的不同，他们又分一、二、三级卖家。

△ 白玉双耳炉　清乾隆

宽16厘米

3 | 拍卖渠道

　　拍卖市场也称艺术品市场，这是一个高端市场，也是和田玉精品最为集中的市场。它处于整个和田玉市场价格链这个金字塔的顶端，对整个链条的影响是极大的。

　　能进入这个市场的和田玉，已经不是一般普通的商品，具有艺术品的范畴，也可以称为奢侈品。这个市场的顾客不是一般的消费者，他们都有着雄厚的经济基础。同样，能进入这个市场中的和田玉器，一般都出自国家级的工艺美术大师之手，其价格当然高。

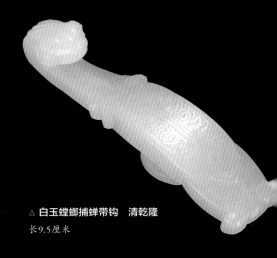

△ 白玉螳螂捕蝉带钩　清乾隆
长9.5厘米

◁ 白玉西工母佛　清乾隆
长13厘米

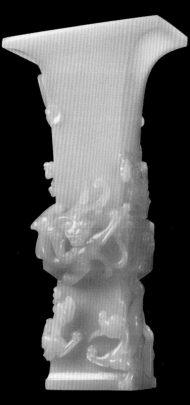

拍卖交易市场具有两个最显著的特点，即透明度高和竞争性强。这种交易具有以下三大优势：公开价格、来源可靠、成交率高。在地摊和门店交易市场上，稀世的玉石很难卖出一个"合理"价格。因为在这些市场上，收藏品的卖方寻找潜在买主的信息搜寻成本非常高，逐一讨价还价的交易成本也同样高。但在拍卖槌下，这些"好东西"却能敲出一个个高不可测的拍卖价格，即所谓"天价"。但是如果在地摊和门店交易市场卖出这个价位，无疑会被人认为是痴人说梦。

△ 白玉雕九龙方觚　清乾隆
高19厘米

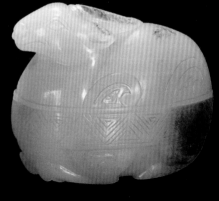

△ 御制白玉俏色神羊小盖盒（一对）　清乾隆
长6厘米

4 ｜ 典当渠道

　　和田玉典当是民品典当的项目之一，也是购买和田玉的渠道之一。

　　民品典当，又被称为民品质押贷款，是典当行业内针对中小企业以及个人开展的快速融资业务。经过鉴定评估师的专业评估，将物品进行质押登记后，典当人就可以迅速获得贷款，其显著特征是融资速度快。这和玉雕作品或玉石原料变现周期相对较长的特性形成了互补。

　　长期以来，由于主流金融机构如银行、信托等无法对玉器等艺术品开展质押融资服务，致使许多玉雕从业者由于缺乏资金而不得不放弃一些好的玉雕或玉料。典当业定位于主流金融行业的拾遗补缺，依靠其"短期、小额、快捷"的优势，恰好解决了这一问题，逐步成为玉器艺术品市场融资的主要途径。相信在今后，玉石典当将会成为玉雕行业发展的重要推手，从而使更多的人从事玉雕行业，促进市场的繁荣。

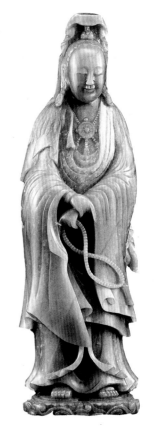

△ 白玉雕观音立像　清乾隆
高38厘米

△ 白玉双鱼盘　清乾隆
直径 14厘米

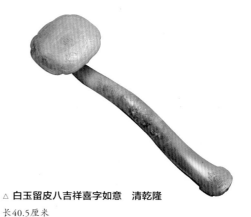

△ 白玉留皮八吉祥喜字如意　清乾隆
长40.5厘米

△ 白玉麒麟凤凰纹盖瓶　清乾隆

高37厘米

△ 白玉饕餮纹龙钮盖方鼎　清乾隆

长17厘米，宽7厘米，高18厘米

△ 白玉文曲星立像　清乾隆

高20厘米

5 | 交流圈渠道

除了产地市场、文物商店市场和拍卖市场等，朋友之间的交流圈子也是购买和田玉的一种渠道。据说，朋友之间交流圈子的私下交易在各地比较盛行，因为通常是熟人之间，大家对某件和田玉艺术品的价格能够达成共识。私人交易的优点在于，免去了诸多烦琐程序，变现最快。

△ 白玉饕餮纹如意耳瓶　清代
高13.9厘米

△ 白玉高浮雕桃花春燕纹椭形花瓶　清代
高17.8厘米

6 | 古玩市场渠道

　　和田玉的收藏爱好者还可以通过古玩市场渠道购买和田玉。

　　全国各地的古玩市场都有不定期的古玩交易会。例如，在江西南昌，每年的9月28日都会举行一次交易会，又叫行业聚会。每到那一天，全国各地的古玩爱好者、收藏者都会来，多以同行之间交易为主，普通收藏者可以趁这个机会收购自己看中的和田玉艺术品，也可以让自己手中的和田玉艺术品变现。

　　如果是低档的和田玉艺术品，还可以通过古玩城每个周末早晨的地摊交易会变现。这些地摊货大多以新工艺为主，层次较低，每个摊位只要交几十元钱，就能够摆一个上午。地摊交易会也有许多好东西，有些藏家就喜欢去那儿"捡漏"。

　　尽管和田玉产业链几乎让所有人都可获利，但是获利程度很不对称。在和田玉的利益链中，挖玉人无疑是最艰辛的。数以十万计的玉石开采者，他们往往要投入很大的生产或时间成本后，才能得到一块和田玉。与流通领域和收藏领域的和田玉玩家相比，挖玉人的收入微不足道。玉商、收藏家在和田玉的利益链中获益最多，好的玉雕大师也获利惊人。

　　如果从新疆和田玉的挖玉人开始，再到和田玉终端的收藏家或消费者，和田玉流通的常规线路是：挖玉人——现场玉石采购商——和田玉零售商——收藏家或玉石消费者。但是，这条常规线路也常常会有多种变通，比如和田玉在玉商之间倒手数次，比如收藏家将和田玉又出售返回到流通渠道等。

在和田许多人因为经不住和田玉暴利的诱惑，曾和合伙租了挖掘机挖玉，唯一的收获就是几块价值数百元的小玉石，结果亏损数万元。但最早开始机械化作业的挖玉人多数赚得盆满钵满。三四年前用挖掘机挖玉的人还很少，机械运作效率是普通挖玉人的数百倍，挖玉两年赚到几百万甚至上千万的案例比比皆是。但是，在流通领域和收藏领域，真正捂得住好料的商家或收藏家赚到的钱更多。只要在20世纪90年代中期拿着一批好料捂着不动，升值几十倍是起码的。哪怕到了2003年才入行，买到好料赚个十多倍的也很正常。在乌鲁木齐玉石圈子里有一个说法：在2007

△ 白玉武将诗文牌　清乾隆

长5厘米

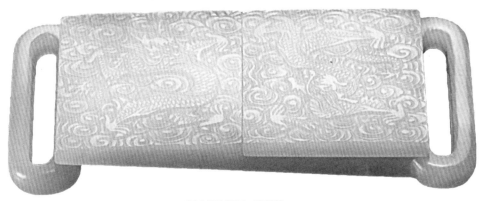

△ 白玉龙纹带扣　清乾隆

长9厘米

年9月全国各地和田玉价格突然大幅上涨之前，收购了玉石又在年底出手的人，都赚了钱。

商家和收藏家是和田玉买卖的最大赢家，但玉雕师获益也十分惊人。一块玉料收来的价格可能是十多万元，这块玉拿到好的玉雕大师那边，设计费和加工费可能也是这个数，有时甚至更多，而且往往要排队。

△ 白玉八吉祥如意耳扁瓶　清乾隆
高13.5厘米

◁ 御制白玉交龙钮自强不息宝玺　清乾隆
长7.5厘米，宽7.5厘米，高5.5厘米

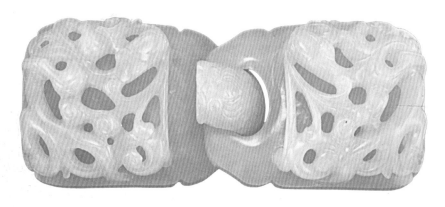

△ 白玉螭龙纹带扣　清代
长9.2厘米

△ 九转福寿如意环

△ 莲台观音

△ 灵猴献瑞

▷ 连年有余

选购和田玉必备的工具

1 | 手电筒

手电筒是选购和田玉必备的工具之一，其作用主要包括两方面。

第一，看裂。用手电筒照和田玉，有裂的地方会出现隔光效应，不过，手电筒的光线不能太亮，否则就会打穿裂纹而透光，就无法看到隔光效应了。

第二，看结构。首先，要用手电筒看清和田玉的结构，正确的用法是以60°~70°的角度打光。其次，根据材质的结构能够判断玉石是什么材质的，是人工合成的还是天然的。再次，用透光度能够判断一些串礓的深度、棉的深度以及裂的深度。

在选用手电筒时，有以下两种手电筒可供选择。

第一种：强光充电手电筒。

强光充电手电筒可以用来观察玉石的内部结构、排列形状、颗粒大小以及是否有杂质或绺裂，也可以用来观察玉石在电筒光下呈何种颜色。强光充电手电筒的价格适中，从100元~300元不等。

第二种：单光手电筒。在选购单光手电筒时，需要注意以下事项。第一，亮度要适中。许多人都认为，手电筒越亮越好，其实，手电筒的光线如果太亮，就会刺伤自己的眼睛，而且，在高光下，很多玉的瑕疵都会被遮掩，这样的话，手电筒就会帮倒忙。当然，手电筒的光线也不能太暗，否则会打不透、看不清。需要强调的是，白光能够提升玉的白度，手电筒下的白度并不能代表正常色调。因此，在选购单光手电筒时，最好自备色标，以在自然光下对比后判定白度。第二，挑选单光手电筒时，可用光柱打在掌心，要求是：中间的光团必须集中，在最核心处不能出现暗区、黑心。

2 │ 放大镜

选购和田玉时，放大镜可以起到如下几种作用。

（1）看裂。尤其是细微的暗裂。此外，还能够看出浸泡过水蜡的裂以及打光也不容易看出来的裂。

（2）看工。放大镜可用来分辨旧工和新工的做工痕迹，能够看出旧工的砣痕迹出自哪一时代，还能够看出阴刻线底部与凸起部分的包浆是否一致。

（3）辨色。放大镜可用来分辨那种只留一丁点、肉眼无法看清楚的细微部分的沁色是天然的还是人为的。

（4）看籽料的毛孔。看毛孔是否自然，毛孔凹陷的底部和表面的包浆是否一致，是否喷砂或者有无其他方式的人造毛孔的痕迹以及有无滚磨过的特征。

（5）看结构。每种材质的结构不同，通过看结构可确定材质。例如，一些用树脂、玻璃制作的假玉，可以通过气泡、结构来判别。

放大镜的价格不一，根据放大倍数的不同，从几十元到几百元不等。

购买放大镜时，可选购10～30倍的。此外还要注意如下两点。

（1）放大镜的镜面要够大。若放大镜的镜面不大，狭小的视野易令人疏漏诸多方面，从而造成致命的误判。如果是价值昂贵的和田玉，就会造成巨大且无法挽回的损失。

（2）用放大镜放大的图像要不变形。将放大镜放在画有直线的白纸上，以在有效视野内的直线不扭曲、不变形者为上。

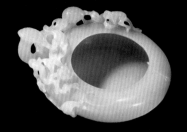

△ 白玉灵猴献寿桃形洗　清代

长9.5厘米

△ 白玉海水云龙纹洗　清代

长29厘米

四
和田玉工艺品的
选购技巧

　　中国人对和田玉工艺品都有着一份特别的情感，很多人都想得到一件称心如意的和田玉工艺品或馈赠亲友、或珍藏、或摆放、或佩戴……当您走进琳琅满目玉器店时，脑海中肯定会想一个问题：怎样才能够得到一件称心如意、质量上乘、价格合理的和田玉工艺品呢？笔者提供几点意见，供大家斟酌参考。

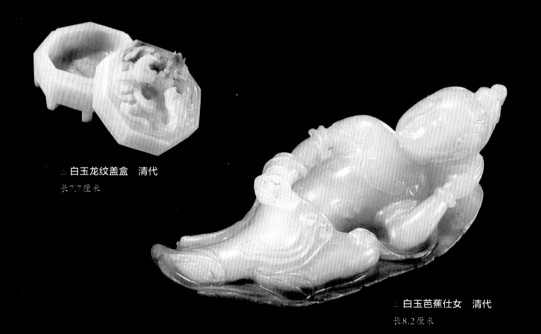

△ 白玉龙纹盖盒　清代

长7.7厘米

△ 白玉芭蕉仕女　清代

长8.2厘米

△ 白玉八仙人物如意 清代

长45.5厘米

首先要明白自己买和田玉工艺品的目的，如送亲友，亲友是做什么工作的，是经商、干部、学生……工作性质和用途的不同，应当送的工艺品寓意也不相同。如果是自己佩戴，那么你的意愿又是什么，是祈求、保佑、象征、祝福……如果是珍藏，那就要高质量、价钱贵一点的工艺品了。总之，目的明确了，选择工艺品也就有目标了。目标确定之后要做的有以下几点。

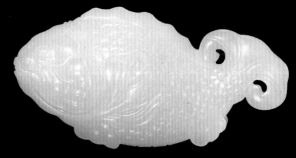

△ 白玉鱼 清代

高9厘米

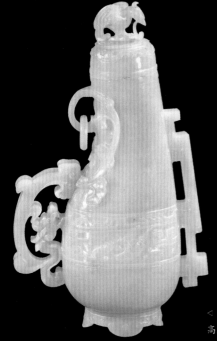

< 白玉龙纹凤钮盖壶 清代

高20.9厘米

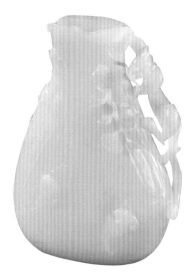

◁ **白玉五福万代瓶　清代**
高14.2厘米

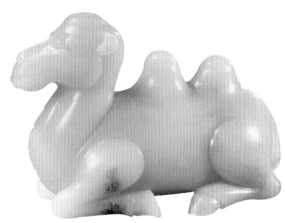

▷ **白玉骆驼　清代**
长13.5厘米

◁ **白玉瑞兽　清代**
长12.7厘米

1 | 看器形

观察工艺品形态，是否鲜明，有无神韵，形态是否逼真，是否给人以美的享受，第一眼望去就爱不释手的，不要轻易放过。

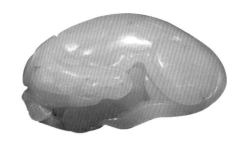

△ 马到成功

2 | 看材质

对玉器工艺非常满意后，再看它是由什么质材雕刻的，您是在选购"和田玉工艺品"，那么这件工艺品就必须是由和田玉雕成的，若是其他玉质，即使工艺再好也没有必要去购买。这时，怎样鉴别和田玉呢？本书中有详尽叙述，你可以运用所学到的知识去鉴别：它是属和田玉中哪一个大类？（白玉、青白玉、青玉……）有无绺裂、杂质、细腻否？是山料？是山流水？是籽料……都需要观察。

△ 伏羲

△ 福在眼前

△ 福寿如意

△ 丹凤朝阳

3 | 看雕工

"三分玉七分工"，工要美。玉是物质美，工是精神美，要两者完美结合才算是真正的美。一件完美的和田玉工艺品是有生命的，它不像是雕成的，它好像就是上天恩赐的一样，没有刀刻斧凿的痕迹，人物的喜、怒、哀、乐，动物的动静姿态，植物的季节体现……都表达得活灵活现。它是真实物体的再现，但比真实的物体还要更美。它运用的是什么工艺，深浮雕、浅浮雕、镂空雕？这些都要注意。

△ 独占鳌头笔洗

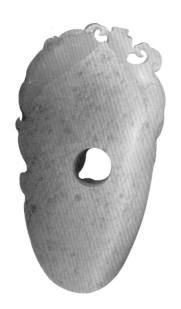

△ 仿古牒形佩

4 | 看意境

　　好的和田玉工艺品是一首诗、一幅画、一曲歌、一个故事……不但有寓意，甚至有多种诠释。如"岁寒三友"，可以理解为：长寿、高风亮节、喜报春来；也可以理解为是一种精神，越是环境恶劣，越是显出英雄本色；也可理解为战胜困难后的挺拔俊秀，芳香四溢……

　　总之，只要牢记十六字诀，"远观其形、近观其质，细观其工、深思其意"，一定会买到一件称心如意的和田玉工艺品！

△ 财神摆件

◁ 福在眼前把件

△ 和田玉辈辈封侯

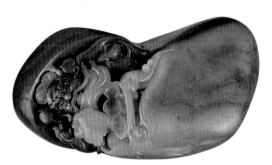

◁ 钟馗嫁妹摆件

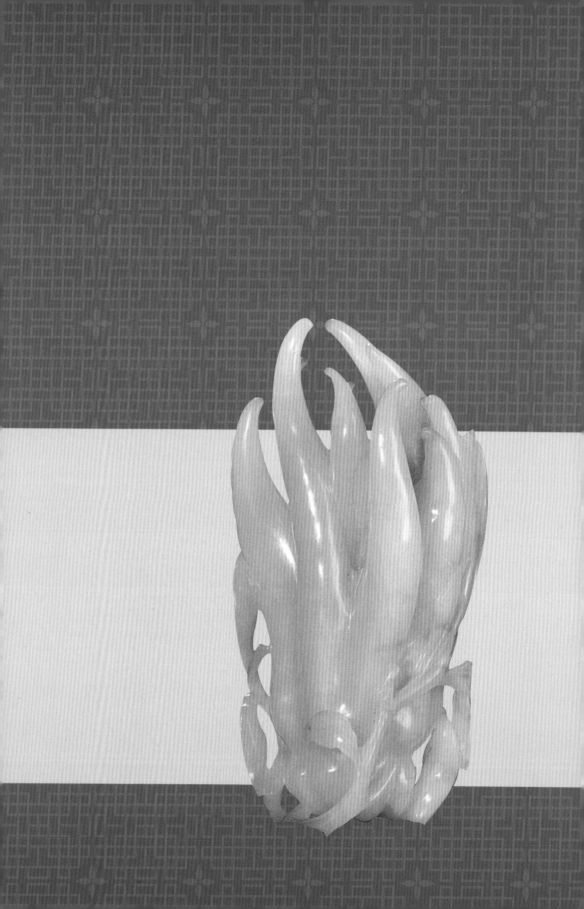

第六章

和田玉的保养

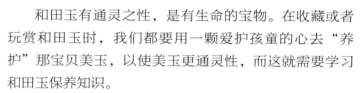

一
和田玉保养五大妙招

和田玉有通灵之性，是有生命的宝物。在收藏或者玩赏和田玉时，我们都要用一颗爱护孩童的心去"养护"那宝贝美玉，以使美玉更通灵性，而这就需要学习和田玉保养知识。

奇石、玉石鉴赏与收藏专家黄宏亮先生提醒广大收藏爱好者，赏玩和田玉有许多禁忌，需要留心，以免伤了美玉。

1 | 避免与硬物碰撞

玉石硬度虽高，但是受碰撞后很容易开裂，有时虽然用肉眼看不出裂纹，其实玉内部的分子结构已受破坏，有暗裂纹，这就大大损害了其完美程度和经济价值。因此，一定要尽量避免和田玉玉器与硬物碰撞。

若和田玉玉器不慎被损坏，可通过下述几种方法进行修复。

△ 白玉雕龙钮扁瓶　清中期

高27厘米

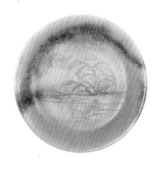

△ 白玉带沁岁岁平安盘　清中期

直径17厘米

△ 白玉镂雕荷叶洗　清中期

直径17厘米

　　一分为二。有些玉器碰坏后，设计师、雕刻师总是根据其破损情况，剖析它原来的造型，经过一番巧思，然后在原件基础上巧妙分割，一分为二，把原来的雕件分成两个或两个以上相互独立或关联的小件。这样的修复，因为一般不作大的舍弃，所以减少或弥补了原来的损失，有时修复后的玉器价值还不逊于原件。

　　金玉镶嵌。金平镶嵌在珠宝首饰行业里是一种普遍使用的工艺，例如嵌宝戒指、钻石戒指、嵌宝项链挂件、嵌宝耳饰等。金玉镶嵌，很容易使人联想到小说《红楼梦》中的"金玉良缘"之说，那是吉祥的征兆，况且金玉、金石都非常名贵，在色彩上的搭配也十分和谐。所以，古今中外金玉镶嵌的器皿、饰件始终受到青睐。

△ **和田籽料豆青一鸣惊人**
高5.5厘米，重23克

▷ **白玉雕松鹤笔筒　清中期**
高13.5厘米，直径9.2厘米

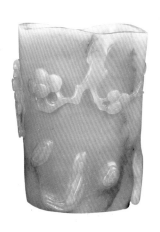

◁ **白玉童子佩　清中期**
宽6.5厘米

△ 白玉雕龙首云纹茶壶　清中期

宽19.5厘米

△ 螭龙

△ 白玉佛

△ 错金玉壶

△ **白玉小佛像 清中期**

高9厘米

断口黏合。玉器断裂，在近代也有用黏合法进行修复的。修复得好，甚至能"以次乱正"。

这种黏合方法的大致操作过程是：先将裂面仔细清扫干净，再用高效黏合剂（聚醋酸乙烯浮剂或环氧基树脂）均匀地涂于其上，然后细心地对准原来的部位，用力黏合，挤出裂口的黏合剂，再用丙酮擦除。黏合剂凝固的过程中，最好用胶带固定，或以重物压住，以免错位。

重新修整。这是以掩饰、弥补玉器破损为前提，而别具匠心进行的重新创作。艺术大师们从长艺术生涯中，创造和积累了多种绝妙的应变补救、重新修整的方法，如"去高补低""去肥补瘦""以坏补坏""以破补破"等绝技。

缺处添补。玉雕佩挂件不慎跌落，也有不断裂而只碰缺一小块的，但毕竟"破相"了。于是人们想到如何为它"整容"，其办法就是添补。添补的方法有二：一是填补，二是新补。

2 ｜ 尽可能避免灰尘

日常保养和田玉，要尽可能地使之避免灰尘。如果不多加注意，可能就会让我们喜爱的玉饰受损，或沾染上污垢。

和田玉其实是比较容易出油的，要注意平时的清洁工作，经常擦拭掉和田玉里冒出来的油，每隔几天就需要用软棉布擦干净。

在和田玉器的日常清洁中，如果玉器表面只有灰尘，而没有明显的污垢，可以按三月一次的频率清洁一次，夏季天热，频率可以适当高一些。清洁的办法比较简单，将玉器置放于清水之中，用软布或软毛刷轻轻拍打摩擦玉表面即可。需要注意的是，用来清洁的物品质地不能太硬，清洁的力度也不要太大，避免过硬或力量过大损伤玉面。

如果玉器受到污染比较严重，有污垢或油渍等附于玉器表面，一般的手段不能清洁，则可以在清水中加入适量的中性清洁剂，再用毛刷仔细清洗。需要注意的是，要用中性的清洁剂，因为酸性或碱性的溶剂都可能会腐蚀玉质。可用温的淡肥皂水洗刷，再用清水冲净。切忌使用化学除油剂。如果是雕刻十分精致的玉器，灰尘长期未得到清除，则可请生产玉器的工厂、公司清洗和保养。

此外，对于和田玉的清洁，还有一个科学的仪器：超声清洁器。这种方法是用水，运用超声波震动清洗，这种方法方便快捷，许多玉器店都配备有这类仪器。它的不足之处在于，清洗时间过长会使玉石的细小绺裂放大，严重时会

使玉石裂开，因而在利用超声清洁器清洗
玉器时一般清洗不要超过1分钟。

△ 白玉佛手摆件　清代
高15.2厘米

△ 白玉原籽 和田红皮原籽
8件尺寸不一，重89克

∠ 白玉雕凤衔牡丹摆件　清代
高13.7厘米

△ 白玉雕葫芦水洗　清代

长7.8厘米，宽5.2厘米，高2.8厘米

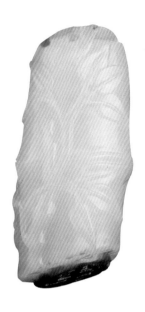

△ 白玉把件 和田俏色白玉籽料节节高

高7.1厘米，宽2.8厘米，厚2.6厘米，重100克

◁ 白玉雕龙耳衔活环三羊开泰三足炉　清代

高29厘米，宽20厘米

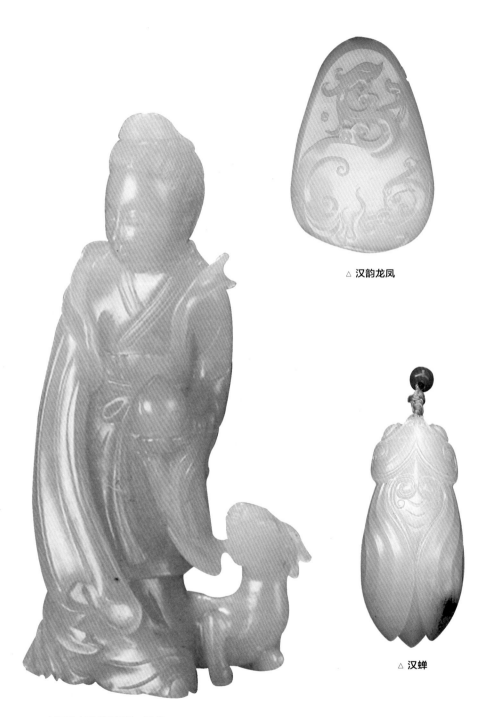

△ 汉韵龙凤

△ 汉蝉

△ 白玉雕麻姑献寿摆件　清代

高12.5厘米

3｜尽量避免与汗液接触

籽玉和古玉有一个转化的过程，需要人的体温帮助，汗液会使它更透亮，所以籽玉和古玉可与汗液多接触，因为人的汗液里含有盐分、挥发性脂肪酸及尿素等，可使籽玉和古玉表面脱胎换骨，越来越温润。而新玉器接触太多的汗液，却会使外层受损，影响其原有的鲜艳度，尤其是羊脂白玉雕琢的器物，更忌汗和油脂。很多人以为和田玉越多接触人体越好，其实这是一种误解。羊脂白玉若过多接触汗液，则容易变成淡黄色，不再纯白如脂。

4｜佩挂件不用时要放妥

和田玉佩挂件在不用时要妥善放置，最好是放进首饰袋或首饰盒内，以免擦花或碰损。如果是高档的和田玉首饰，切勿放置在柜面上，以免积尘垢，影响透亮度。

此外，和田玉不管是挂件还是摆件，都需用一个红绳牢牢地固定住，并要定期检查红绳有无磨损的地方，以便及时更换。若和田玉配挂件不慎被摔，即使不碎，也会有肉眼看不到的细小裂纹，长此以往，和田玉会碎，因此，如果不小心摔了和田玉配挂件，一定要立即检查。

5｜清洁和田玉挂件时应用合适的布料

佩和田玉挂件要用清洁、柔软的白布抹拭，不宜使用染色布或纤维质硬的布料。

镶有钻石以及红蓝宝、祖母绿等宝石的和田玉首饰，也只宜用干净的白布擦拭，这样有助于保养和维持原质。

▷ **白玉原籽 和田带皮原籽**
8件尺寸不一，重100克

◁ **白玉原籽 和田白玉原籽**
8件尺寸不一，重105.4克

二
保养和田古玉的
"三忌、四怕"

　　和田玉器本来就很珍贵，若是和田古玉器就更加稀有珍贵了。如果你购到一块和田古玉器有一套科学的收藏方法，收藏得法会使古玉器更增添光彩；如果不按科学办法珍藏一定使玉器受到伤害，降低身价。和田古玉器在珍藏时有"三忌、四怕"。

1 ｜ "三忌"

（1）忌油腻

　　人们想象和田玉油脂光泽很强，如果把它泡在油里，肯定会吸收油脂，增加自身光泽。实际上刚好相反，如果将和田玉器长期泡在油里，会使玉器"土门"闭塞。"土门"就是玉器的微细孔隙，长期在地下受水浸土蚀，微细孔中会渗入杂质，养护的办法是尽量要玉器中的杂质吐出，以达到光洁滋润的本来面目。如果涂油泡蜡，把土门封闭起来，玉器不但吐不出杂质，而且会越发显得锈迹斑斑。

（2）忌腥味

　　如果古玉在腥臭的环境中，它会受到腥气、腥液中含的化学成分如卤盐等的腐蚀而导致玉器受损，失去光泽，变得腥臭难闻。

（3）忌污秽

　　污秽的环境会使玉器土门封闭，玉质微孔中的尘土就不能退出，玉质会变得浑浊。和田玉需要洁净的环境，因此把玩前要先把手洗干净，一是对和田玉的尊重，二是不致手脏使其土门封闭，变得玉质暗淡。

△ 白玉雕山水人物诗文牌　清代

高7厘米，宽4.5厘米

△ 白玉仙人乘搓摆件　清代

高16厘米

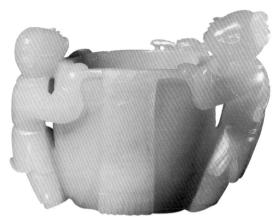

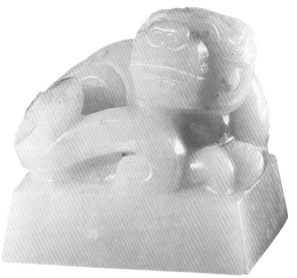

◁ **白玉兽钮印章　清代**
长4厘米

▷ **白玉衔芝回头鹿摆件　清代**
高11厘米

2 | "四怕"

（1）畏冰

如果古玉长期近冰，会使古玉润色色褪而变成"呆色"。人们认为冰清玉洁，把古玉放入冰箱中冷冻，以达到"清""洁""坚"的目的，实际事与愿违。放入冰箱冷冻会使古玉裂纹更多，沁色更深，不但不能盘活古玉，反而使其变成"呆色"或"死色"，越来越难看。

（2）畏火

长期受火烤的和田玉古玉器会失去色浆，表面光泽变暗，变得浑浊、粗糙。一般售玉器的柜台会放一杯水，这样可以增加柜内湿度，降低温度，减少灯光热的影响，使玉器保持鲜亮的外表。

（3）畏姜水

一般古玉因长期在地下埋藏，伴有土腥和污臭味，一般认为，用生姜水煮可除腥臭味。可是姜水无孔不入，渗入古玉微细孔后，不但不能除腥臭味，反而对玉质有所腐蚀，使本来光洁的外表变得斑斑点点，在以后的抛光、盘中很难去掉它的"内伤"。

（4）畏跌落

如果古玉器受到剧烈打击，它虽然表面完好，但会出现肉眼难以察觉的绺、裂细纹等隐伤。出现隐伤，对古玉也是一个很严重的损失，因此玩古玉时要尽量避免玉器跌地损伤。

总之，和田玉古玉件的珍藏很有讲究，珍藏得好可迅速升值，珍藏不科学，也会身价大跌！

△ 白玉释迦牟尼坐像 清代

高14厘米

△ 白玉衔芝神鹿摆件　清代

高8.8厘米

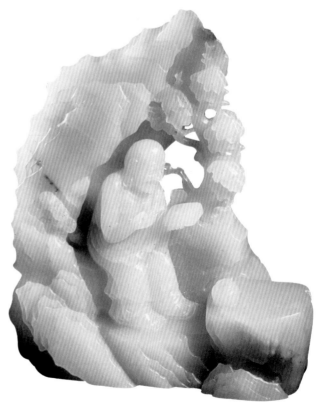

△ 白玉带皮罗汉诵经摆件　清代

高12厘米

△ 白玉鹊桥相会诗文牌　清代

高5.6厘米

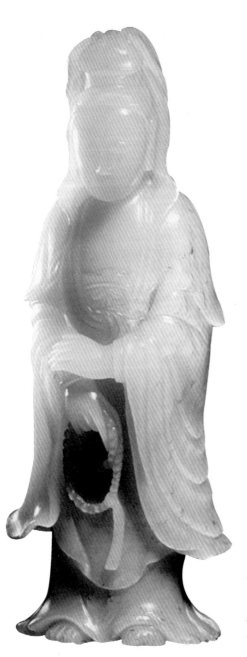

◁ 白玉观音菩萨立像　清代

高18.4厘米

三
和田玉手镯的
保养

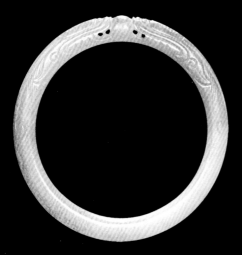

△ **青白玉雕双龙戏珠镯 明代**

外直径7.7厘米；内直径6.0厘米

手镯有各式各样的材质，包括银的、金的等，而玉手镯中，和田玉手镯是比较常见的一种。

和田玉手镯有以下保养方法：

第一，要避免与硬物撞碰。和田玉手镯受碰撞后很容易破裂，有时肉眼虽看不出裂纹，但玉表层内的分子结构已受损坏，产生了暗裂纹，天长日久就会显露出来，大大损害其完美性和收藏价值。

△ **白玉手镯（两件） 清中期**

内直径5.3厘米

△ 白玉手镯

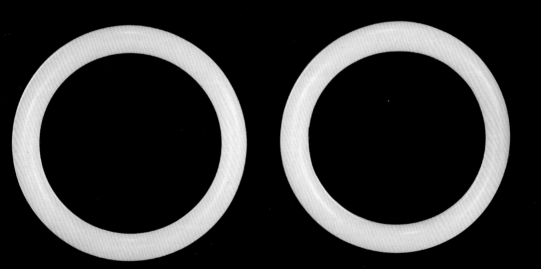

△ 白玉镯（一对） 清代

直径8.5厘米

◁ **白玉手镯　清代**

内直径5.7厘米

◁ **白玉手镯 和田红皮籽玉手镯**

直径7.6厘米，厚2.1厘米，重106.3克

和田籽料

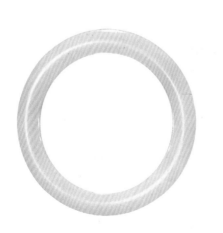

△ **白玉手镯　清代**

内直径6厘米

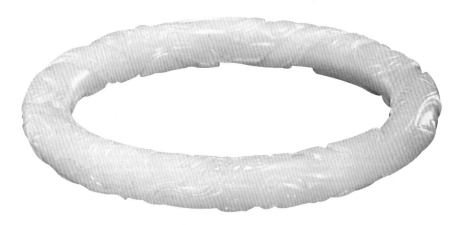

△ 白玉雕龙纹镯　清代
宽7.8厘米

　　第二，尽可能避免沾染灰尘、油污。和田玉手镯表面若有灰尘，宜用软毛刷清洁；若有污垢或油渍等附着于玉面，可用温淡的肥皂水刷洗，再用清水洗净。切忌使用化学除油剂。对于严重污染的旧玉可到生产、清洁玉器的专业公司用专业的超声波清洗保养。

　　第三，玉器佩挂件不用时要放妥，最好放进首饰袋或首饰盒内，以免碰伤。

　　第四，避免与香水、化学药剂、肥皂或人体汗液接触。因为和田玉手镯接触太多的汗液后，即会受到侵蚀，使外层受损，影响本来的鲜艳度。翡翠、羊脂白玉更忌汗和油脂，佩带之后要用柔弱的布擦净。

　　第五，避免阳光长期直射。玉器受阳光暴晒膨胀，分子体积增大，会影响玉质。

　　第六，过于干燥的环境容易使水分蒸发，从而损害玉的品质。

　　这些方法，除了可以保养和田玉手镯以外，还可以用以保养所有是玉石打造的玉器。

四
和田玉项链的保养

　　和田玉项链的保养方法如下：

　　第一，要避免与香水接触。很多爱美的女性不仅喜欢佩戴各式饰品，同时也喜欢在身上喷洒香水。这里告诉大家，新玉最好不要和香水接触，香水会使和田玉外层受损，影响其原有的鲜艳度。

　　第二，避免与硬物碰撞。和田玉硬度虽高，但是内部容易受到损害，大部分的裂纹产生于内部，肉眼不可见，长此以往，受到的撞击多了，暗纹也会成为明裂。

　　第三，戴时切勿剧烈运动，和田玉接触过多汗液，易由白变黄，汗液、油脂，都会对和田玉的分子结构造成破坏，导致其变色。每日晚上睡觉前也最好将项链摘下置于通风干燥处。

　　第四，避免灰尘接触。和田玉表面有灰尘的话，宜用软毛刷清洁；若有污垢或油渍等附于玉器表面，应温水冲净，严重者可以交由专业机构清洗。